O livro da
ESPERANÇA

Destaques de nosso catálogo

www.sextante.com.br

SEXTANTE

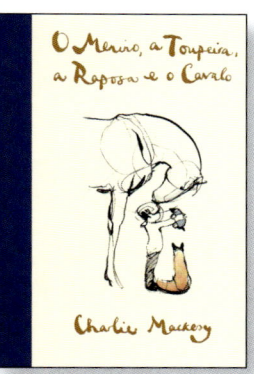

2 milhões de livros vendidos no mundo

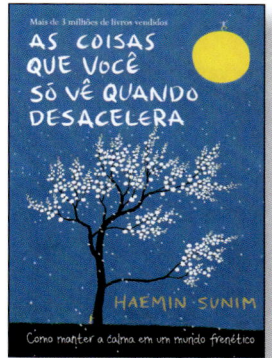

3 milhões de livros vendidos no mundo

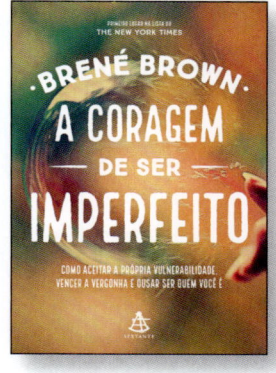

350 mil livros vendidos no Brasil

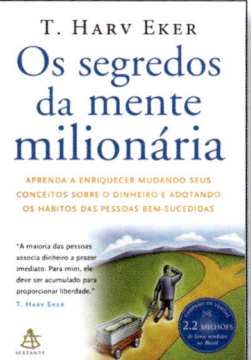

2,2 milhões de livros vendidos no Brasil

16 milhões de livros vendidos no mundo

200 mil livros vendidos no Brasil

400 mil livros vendidos no Brasil

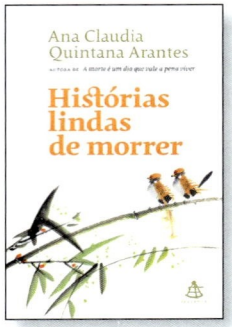

50 mil livros vendidos no Brasil

400 mil livros vendidos no Brasil

1,2 milhão de livros vendidos no Brasil

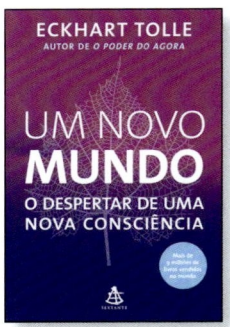

250 mil livros vendidos no Brasil

340 mil livros vendidos no Brasil

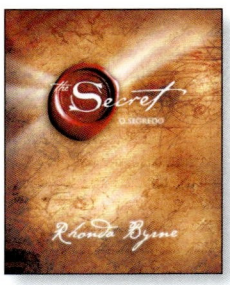

3 milhões de livros vendidos no Brasil

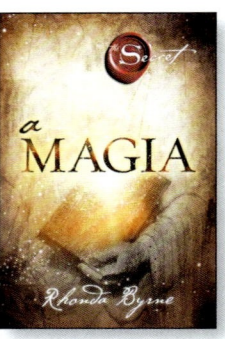

240 mil livros vendidos no Brasil

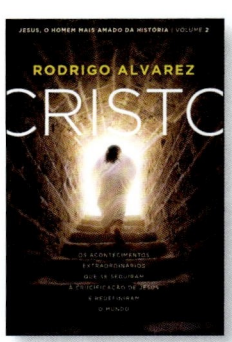

30 mil livros vendidos no Brasil

O livro da ESPERANÇA

JANE GOODALL e DOUGLAS ABRAMS

com GAIL HUDSON

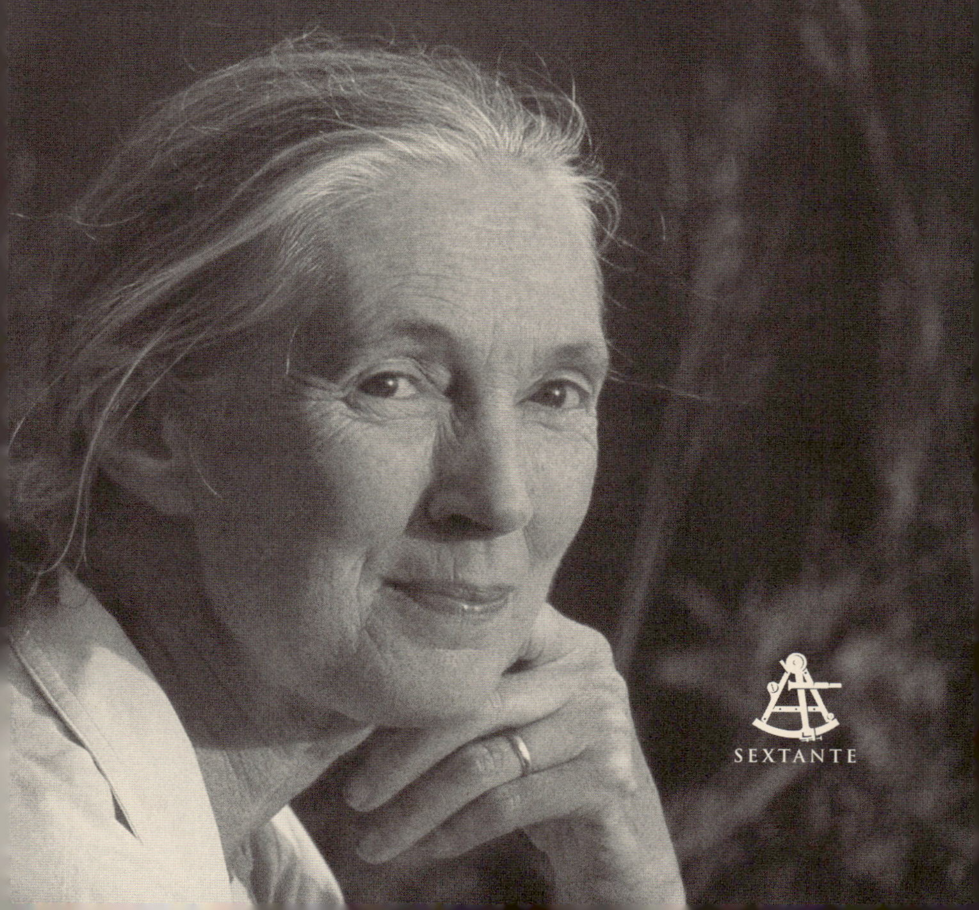

Título original: *The Book of Hope*
Copyright © 2021 por Jane Goodall e Douglas Abrams
Copyright da tradução © 2023 por GMT Editores Ltda.

Todos os direitos reservados. Nenhuma parte deste livro pode ser utilizada ou reproduzida sob quaisquer meios existentes sem autorização por escrito dos editores.

tradução: Ana Carolina Mesquita e Mariana Mesquita Santana
preparo de originais: Ab Aeterno
revisão: Mariana Bard e Pedro Staite
diagramação: Valéria Teixeira
capa: Nick Misoni
adaptação de capa: Mirian Lerner | Equatorium
imagem de capa: Kristin J. Mosher | Danita Delimont | Alamy | Fotoarena
impressão e acabamento: Lis Gráfica e Editora Ltda.

CIP-BRASIL. CATALOGAÇÃO NA PUBLICAÇÃO
SINDICATO NACIONAL DOS EDITORES DE LIVROS, RJ

G655L

Goodall, Jane, 1934-
O livro da esperança / Jane Goodall, Douglas Abrams ; tradução Ana Carolina Mesquita, Mariana Mesquita. - 1. ed. - Rio de Janeiro : Sextante, 2023.
256 p. : il. ; 21 cm.

Tradução de: The book of hope
Inclui bibliografia
ISBN 978-65-5564-655-9

1. Clima e civilização. 2. Mudança climática. 3. Responsabilidade ambiental. 4. Natureza - Efeito dos seres humanos sobre. 5. Justiça ambiental. I. Abrams, Douglas. II. Mesquita, Ana Carolina. III. Mesquita, Mariana. IV. Título.

23-83511   CDD: 128
       CDU: 502.1

Gabriela Faray Ferreira Lopes - Bibliotecária - CRB-7/6643

Todos os direitos reservados, no Brasil, por
GMT Editores Ltda.
Rua Voluntários da Pátria, 45 – Gr. 1.404 – Botafogo
22270-000 – Rio de Janeiro – RJ
Tel.: (21) 2538-4100 – Fax: (21) 2286-9244
E-mail: atendimento@sextante.com.br
www.sextante.com.br

Para minha mãe, Rusty, Louis Leakey e David Greybeard
– Jane Goodall

Para meus pais, Hassan Edward Carroll e todos aqueles que têm dificuldade em encontrar esperança
– Doug Abrams

Sumário

Um convite à esperança   11

1. O que é a esperança?

Uísque e feijão à moda suaíli   17
A esperança é real?   21
Você alguma vez já perdeu a esperança?   25
A ciência pode explicar a esperança?   39
Como ter esperança em tempos difíceis?   44

2. As quatro razões de Jane para ter esperança

RAZÃO Nº 1: O maravilhoso intelecto humano   53
De macaco pré-histórico a mestre do mundo   55
Metade santo, metade pecador   60
Um novo código moral universal   64
O macaco sábio?   69

RAZÃO Nº 2: A resiliência da natureza   75

Luto climático   82
A vontade de viver   89
Adaptar-se ou perecer   93
Cuidando da Mãe Natureza   95
A trama da vida   104
Precisamos da natureza   113

RAZÃO Nº 3: O poder dos jovens   119

O amor em um lugar sem esperanças   126
"Eu não quero a sua esperança"   133
Milhões de gotas formam um oceano   138
Nutrindo o futuro   142

RAZÃO Nº 4: O indômito espírito humano   149

Quando eu decidir escalar o Everest   152
O espírito que jamais se rende   157
Estimulando o espírito indômito nas crianças   165
Como o indômito espírito humano ajuda
a nos curar   167
Precisamos uns dos outros   171

3. Tornando-se mensageira da esperança

    A jornada de uma vida inteira   179

    Desafios na África   197

    De jovem tímida a palestrante global   199

    Digamos somente que foi uma missão   202

    Terá sido coincidência?   206

    Evolução espiritual   210

    A próxima grande aventura de Jane   216

CONCLUSÃO: Uma mensagem de esperança de Jane   225

Agradecimentos   235

Bibliografia sugerida   241

Sobre os autores   253

(JANE GOODALL INSTITUTE/BILL WALLAUER)

Um convite à esperança

Vivemos tempos sombrios.

Em diversas partes do mundo há conflitos armados, discriminação racial e religiosa, crimes de ódio e ataques terroristas. Uma guinada política à extrema direita tem motivado demonstrações e protestos que, frequentemente, se tornam violentos. O abismo que separa ricos e pobres vem aumentando e fomentando raiva e instabilidade. A democracia está sofrendo ataques em vários países. Além disso tudo, a pandemia de covid-19 causou muito sofrimento, mortes, desemprego e caos econômico ao redor do mundo. E a crise climática, temporariamente deixada de lado, representa uma ameaça ainda maior ao nosso futuro – sem dúvida, para toda a vida na Terra como a conhecemos.

As mudanças climáticas não são algo que talvez nos afete no futuro – já estão nos afetando neste exato momento, com alterações nos padrões meteorológicos no mundo inteiro: degelos, aumento do nível do mar, tornados, furacões e tufões catastroficamente poderosos. Em todo o planeta, ocorrem cada vez mais inundações, secas prolongadas e incêndios devastadores. Pela primeira vez, foram registrados incêndios no Círculo Polar Ártico.

"Jane já tem quase 90 anos", talvez você esteja pensando. "Se ela está ciente do que está acontecendo, como pode escrever sobre esperança? Ela deve estar se iludindo. Não está encarando os fatos."

Eu *estou* encarando os fatos. E admito que em muitos dias me sinto mal. Nesses dias, parece que os esforços, as dificuldades e os sacrifícios das muitas pessoas que lutam por justiça social e ambiental, combatendo a discriminação, o racismo e a ganância, são uma batalha perdida. As forças que nos cercam – cobiça, corrupção, ódio, preconceito – são poderosas demais, e talvez estejamos nos enganando ao pensar que conseguiremos derrotá-las. É compreensível que, em alguns momentos, nos sintamos fadados a permanecer imóveis observando o mundo acabar "sem estrondo, num gemido", como escreveu T. S. Eliot. Durante as últimas oito décadas, presenciei diversos desastres, como o Onze de Setembro, tiroteios em escolas, homens-bomba e muitos outros, bem como o desespero que alguns desses acontecimentos podem causar. Cresci durante a Segunda Guerra Mundial, quando o mundo corria o risco de ser dominado por Hitler e os nazistas. Vivi a corrida armamentista da Guerra Fria, quando o planeta estava sob a ameaça de um holocausto termonuclear, e os horrores de diversos conflitos que condenaram milhões à tortura e à morte. Como todas as pessoas que vivem bastante tempo, passei por diversos períodos sombrios e testemunhei muito sofrimento.

Entretanto, sempre que me sinto deprimida, penso em todas as histórias maravilhosas de coragem, perseverança e determinação daqueles que lutam contra as "forças do mal". Pois, sim, acredito que exista mal no mundo. Muito mais poderosas e inspiradoras, porém, são as vozes dos que lutam contra ele. E, mesmo quando essas pessoas perdem a vida, a voz delas ainda ecoa para além de sua partida, alimentando-nos de esperança e inspiração – esperança na bondade fundamental desse animal humano estranho e ambivalente, que evoluiu de um ser simiesco há cerca de 6 milhões de anos.

Desde 1986, quando comecei a viajar pelo mundo para falar dos danos sociais e ambientais que nós, humanos, geramos, conheci inúmeras pessoas que me disseram ter perdido a esperança no futuro. Os jovens, sobretudo, estão raivosos, deprimidos ou simplesmente apáticos, porque acham que comprometemos seu futuro e que não há nada que possam fazer para mudar isso. Embora seja verdade que não apenas comprometemos, como também roubamos seu futuro ao extrair sem parar os recursos finitos do nosso planeta, sem a mínima preocupação com as próximas gerações, creio que ainda há tempo para reverter essa situação.

A pergunta que ouço com mais frequência talvez seja: você acredita, sinceramente, que exista esperança para o mundo? Para o futuro de nossos filhos e netos?

Respondo, com toda a sinceridade, que sim. Acredito que ainda temos uma janela de tempo durante a qual podemos começar a curar o mal que causamos ao planeta – mas essa janela está se fechando. Se nos importamos com o futuro de nossos filhos e netos, se nos importamos com a saúde da natureza, devemos nos unir e agir. *Agora*, antes que seja tarde demais.

E o que é essa "esperança" na qual ainda acredito, que me motiva a continuar lutando? O que realmente quero dizer com "esperança"?

A esperança é um conceito frequentemente mal compreendido. As pessoas tendem a acreditar que ela não passa de um pensamento passivo, um desejo vão: eu tenho a esperança de que algo vai acontecer, mas não ajo para que aconteça. Na verdade, esse é o exato oposto da verdadeira esperança, que requer ação e engajamento. Muitos percebem o estado desesperador em que se encontra o planeta, mas nada fazem, porque se sentem perdidos e desesperançados. Por isso este livro é importante, pois vai – assim espero (!) – ajudar as pessoas a perceberem que suas ações, não importa quão pequenas possam parecer, realmente fazem a diferença. O efeito cumulativo de milhares de ações éticas pode ajudar a salvar e curar o nosso planeta para as gerações futuras. E por que você se importaria em agir, se não acreditasse realmente que faria alguma diferença?

Minhas razões para ter esperança durante estes tempos sombrios se tornarão evidentes neste livro, mas, por enquanto, preciso dizer que, sem esperança, tudo está perdido. Ela é uma característica crucial para a sobrevivência, tendo sustentado nossa espécie desde o tempo dos nossos ancestrais, na Idade da Pedra. Certamente, a minha própria jornada improvável não teria sido possível se eu não tivesse esperança.

No decorrer deste livro, discuti tudo isso e muito mais com meu coautor, Doug Abrams. Doug propôs que fosse concebido em formato de diálogo, semelhante a *Contentamento*, que ele escreveu com o Dalai Lama e o arcebispo Desmond Tutu. Nos capítulos a seguir, Doug figura como narrador, compartilhando as conversas que tivemos na África e na Europa. Com a ajuda dele, agora posso partilhar com você o que aprendi sobre a esperança no decorrer da minha longa vida e do meu estudo sobre a natureza.

A esperança é contagiosa. Suas ações vão inspirar outras pessoas. É meu sincero desejo que este livro ajude você a encontrar conforto em momentos de aflição, direcionamento em momentos de incerteza, coragem em momentos de temor.

Você está convidado a se juntar a nós nesta jornada rumo à esperança.

Jane Goodall, Ph.D., Dama do Império Britânico,
Mensageira da Paz das Nações Unidas

1

O que é a esperança?

Rompendo a barreira que se acreditava haver entre nós e o restante do reino animal, mas que nunca existiu. (JANE GOODALL INSTITUTE/HUGO VAN LAWICK)

Uísque e feijão à moda suaíli

Era a noite da véspera do início de nossas conversas. Eu estava nervoso, pois havia muito em jogo. O mundo parecia mais carente de esperança do que nunca, e, nos meses que se passaram desde que entrara em contato com Jane para perguntar se ela se interessaria em escrever um livro sobre suas razões para ter esperança, o tema não saía da minha cabeça. O que é a esperança? Por que a temos? É algo concreto? Pode ser cultivada? Existe realmente alguma esperança para a nossa espécie? Eu sabia que o meu papel era fazer as perguntas que todos nós nos fazemos quando enfrentamos adversidades e passamos por momentos de desespero.

Jane é uma heroína mundial que viaja o mundo há décadas como mensageira da esperança, e eu estava ansioso para entender sua confiança em nosso futuro. Da mesma forma, queria saber de que maneira ela mantivera a esperança durante sua própria vida de pioneira, sempre tão desafiadora.

Enquanto eu preparava minhas perguntas, ansioso, o telefone tocou.

– Você gostaria de vir jantar com minha família? – perguntou Jane.

Eu havia acabado de aterrissar em Dar es Salaam e disse que ficaria lisonjeado em jantar com a família dela. Seria uma chance não apenas de conhecer o ícone, mas de vê-la como mãe e avó, participar de uma refeição em família e, conforme eu suspeitava, beber uísque.

Não é fácil encontrar a casa de Jane, pois não existe um endereço formal. É necessário percorrer um bom trecho de estradas de terra até chegar próximo à residência de Julius Nyerere, o primeiro presidente da Tanzânia. Tive medo de chegar atrasado, enquanto o taxista tentava, sem sucesso, encontrar a entrada correta no bairro arborizado. O sol avermelhado descia rapidamente e não havia postes de luz para nos guiar.

Quando finalmente achamos a casa, Jane me recebeu na porta com um sorriso acolhedor e olhar penetrante. Seus cabelos brancos estavam presos em um rabo de cavalo e ela usava uma camisa verde e calças cáqui, que pareciam o uniforme de um guarda-florestal. Em sua camisa, havia o logotipo do Jane Goodall Institute (JGI – Instituto Jane Goodall), com os símbolos da organização: um perfil de Jane; um chimpanzé; uma folha, representando o meio ambiente; e uma mão, representando os seres humanos – que, na opinião dela, precisavam tanto de proteção quanto os chimpanzés.

Jane tem 86 anos, mas, inexplicavelmente, não parece ter envelhecido muito desde que foi a Gombe pela primeira vez, onde posou para a capa da *National Geographic*. Eu me pergunto se ter esperança e propósito mantém a pessoa jovem para sempre.

O que mais se destaca, porém, é a determinação de Jane, que irradia de seus olhos castanhos como uma força da natureza. Foi essa mesma determinação que a levou a cruzar o mundo para estudar os animais na África e a manteve viajando ao longo das últimas três décadas. Antes da pandemia de covid-19, ela passava mais de trezentos dias por ano dando palestras sobre os riscos da destruição ambiental e a perda dos hábitats naturais. Finalmente, o mundo está começando a escutá-la.

Sabendo que Jane gosta de degustar um pouco de uísque à noite, levei de presente uma garrafa de seu favorito, Johnnie Walker Green Label. Ela o aceitou, mas me disse, mais tarde, que eu deveria ter comprado o mais barato, Red Label, e doado a diferença para sua organização de proteção ambiental, o JGI.

Na cozinha, Maria, sua nora, preparava uma refeição vegetariana com pratos típicos da Tanzânia. Havia arroz de coco servido com feijão cremoso à moda suaíli, lentilha e ervilha com um pouco de amendoim triturado, *curry* e coentro, além de espinafre refogado. Jane diz que não liga para comida, mas não posso dizer o mesmo a meu respeito, de modo que já estava com água na boca.

Ela colocou meu presente sobre um balcão, perto de uma enorme garrafa de quatro litros e meio de uísque The Famous Grouse. Os netos adultos de Jane a surpreenderam com o presente e explicaram que, na verdade, é mais barato comprar em grande quantidade e que duraria por toda a estadia dela. Eles moram na casa em Dar es Salaam, para onde Jane se mudou quando se casou pela segunda vez, embora, naquela época, ela passasse a maior parte do tempo em Gombe. Atualmente, Jane visita a casa apenas duas vezes ao ano, por períodos curtos, já que também viaja a Gombe e outras cidades da Tanzânia.

Para ela, uma dose de uísque é um ritual noturno, bem como uma oportunidade de relaxar e, quando possível, brindar com amigos.

– Tudo começou – explicou ela – porque eu e minha mãe sempre bebíamos uma dose à noite quando eu estava em casa. Continuamos brindando uma à outra pontualmente às sete, onde quer que eu estivesse no mundo.

Ela também descobriu que, quando suas cordas vocais ficam cansadas após muitas entrevistas e palestras, um golinho de uísque as revigora e possibilita que ela volte a falar.

– Quatro cantores de ópera e uma famosa cantora de rock me disseram que esse truque também funciona para eles – disse.

Eu me sentei ao lado de Jane à enorme mesa na varanda, enquanto ela e a família riam e contavam histórias. À luz das velas, a buganvília densa que nos cercava mais parecia o topo de uma floresta.

Merlin, seu neto mais velho, tem 25 anos. Alguns anos antes, aos 18, ele mergulhou em uma piscina vazia, depois de uma

Jane com sua família em Dar es Salaam. Da esquerda para a direita: o neto, Merlin; o meio-irmão dele, Kiki, filho de Maria; o neto, Nick, meio-irmão de Merlin; a neta, Angel; e o filho, Grub. (JANE GOODALL INSTITUTE/ CORTESIA DA FAMÍLIA GOODALL)

noitada com os amigos, e quebrou o pescoço. O acidente mudou sua vida, pondo fim às baladas. Hoje, assim como sua irmã, Angel, ele segue os passos da avó e trabalha com preservação ambiental. Jane, matriarca discreta, estava sentada à cabeceira da mesa, visivelmente orgulhosa.

Jane aplicou repelente nos tornozelos e brincou que os insetos não são vegetarianos. "Mas apenas as fêmeas sugam o sangue", disse ela. "Os machos vivem do néctar das plantas." Aos olhos da ambientalista, os mosquitos são apenas mães que tentam sugar um pouco de sangue para nutrir a prole. Sua explicação não diminuiu minha aversão a esses inimigos históricos da humanidade.

Após uma pausa na conversa e nas histórias, queria fazer a Jane as perguntas que vinham rondando minha mente desde que decidimos escrever juntos um livro sobre a esperança.

Nascido e criado em Nova York e, de certa forma, um cético, devo admitir que eu desconfiava da esperança. Parecia uma resposta frágil, uma aceitação passiva: "Vamos esperar pelo melhor." Talvez uma panaceia ou uma fantasia. Uma negação consciente ou a fé cega à qual nos agarramos apesar dos fatos e da difícil realidade da vida. Eu temia ter falsas esperanças. De certa maneira, até mesmo o cinismo parecia mais seguro. Seguramente, o medo e a raiva pareciam respostas mais úteis, prontas para disparar o alarme, em especial em momentos de crise, como o atual.

Angel trabalha no programa Roots & Shoots, do JGI, e Merlin ajuda a desenvolver um centro educativo em uma antiga floresta perto de Dar es Salaam. (K 15 PHOTOS/ FEMINA HIP)

Eu também desejava saber a diferença entre a esperança e o otimismo, se Jane já tinha perdido a esperança alguma vez e como mantê-la viva em tempos sombrios. Essas perguntas, porém, teriam que esperar até a manhã seguinte, pois já era tarde e o jantar estava terminando.

A esperança é real?

Quando voltei no dia seguinte – um pouco menos nervoso – para começar nossa conversa sobre a esperança, Jane e eu nos sentamos em sua varanda, em cadeiras dobráveis de madeira, antigas e firmes, com assento e encosto forrados de lona verde. Olhávamos para um quintal tão repleto de árvores que era quase impossível avistar o oceano Índico logo adiante. Uma porção de aves tropicais cantava, cacarejava, guinchava e emitia seus chamados. Dois cães resgatados vieram se enrodilhar aos pés de Jane, e um gato miava atrás de uma tela de mosquitos, insistindo em contribuir na conversa. Jane parecia um são Francisco de Assis moderno, rodeada de animais e protegendo-os.

– O que é a esperança? – comecei. – Como *você* a define?

– A esperança – disse Jane – é o que nos permite seguir adiante apesar das adversidades. É o que desejamos que aconteça, mas devemos estar preparados para trabalhar arduamente a fim de concretizar esse desejo. – Jane sorriu. – É como ter esperança de que esse livro seja bom. Mas ele não o será se não nos esforçarmos.

Eu sorri.

– Sim, definitivamente tenho esperança de que esse livro seja bom. Se é como você diz, então esperança requer ação?

– Não acredito que toda esperança requeira ação, porque, às vezes, não há nada que se possa fazer. Se você está preso em uma cela sem um motivo justo, não tem como agir, mas ainda assim pode ter esperança de sair dali. Tenho me comunicado com um grupo de ambientalistas que foram julgados e receberam sentenças longas por usarem armadilhas fotográficas para registrar a presença de vida selvagem. Eles vivem na esperança de um dia serem libertados por meio das ações de outras pessoas, porém eles mesmos não podem agir.

Parecia que ação e intervenção eram importantes para gerar esperança, mas que ela poderia sobreviver até mesmo na cela de uma cadeia. Um gato preto com o peito branco saiu da casa e pulou no colo de Jane, aninhando-se confortavelmente com as patas dobradas sob o corpo.

– Eu me pergunto se os animais têm esperança – falei.

Jane sorriu.

– Bem, olhe o exemplo de Bugs – disse ela, fazendo carinho no gato. – Quando ele estava dentro de casa durante todo esse tempo, suspeito que estivesse "esperando" que, em algum momento, o deixassem sair. Quando ele quer comida, mia bastante e se roça nas minhas pernas, arqueando as costas e balançando o rabo, pois essas ações frequentemente surtem o efeito desejado. Tenho certeza de que ele faz isso na esperança de ser alimentado. Pense em seu cachorro esperando você na janela de casa. Isso é claramente uma forma de esperança. Os chimpanzés costumam ficar irritados quando não conseguem o que querem. Essa é uma forma de esperança frustrada.

Parecia que a esperança não era algo reservado apenas aos humanos, mas eu sabia que voltaríamos ao que torna a esperança única na mente humana. Por enquanto, queria entender como a esperança difere de outro termo com o qual é frequentemente confundida.

– Muitas tradições religiosas citam a esperança com o mesmo sentido de fé. A esperança e a fé são a mesma coisa?

– A esperança e a fé são muito diferentes, não é mesmo? – disse Jane, mais como uma afirmação do que como uma pergunta. – A fé é quando você, de fato, acredita na existência de um poder intelectual por trás do universo, que pode ser traduzido como Deus ou Alá, ou algo assim. Você acredita em Deus, o Criador. Acredita na vida após a morte ou em qualquer outra doutrina. Isso é fé. Podemos *acreditar* que essas coisas são verdade, mas não há como termos *certeza*. Entretanto, podemos saber em qual direção queremos ir e *esperar* que seja o caminho certo. A esperança é mais humilde do que a fé, já que ninguém pode prever o futuro.

– Você disse que a esperança requer que trabalhemos arduamente para fazer com que aquilo que desejamos aconteça de fato.

– Bem, em certos contextos, a esperança é essencial. Veja o pesadelo ambiental que estamos vivendo. Certamente esperamos que não seja tarde demais para consertar as coisas, mas sabemos que essa mudança não acontecerá a menos que façamos algo.

– Então, ao agir, nos tornamos mais esperançosos?

– Uma coisa alimenta a outra. Você não vai agir se não tiver esperança de que suas ações tragam algum resultado positivo. Assim, você precisa de esperança para agir, mas, quando age, gera mais esperança. É um processo que se retroalimenta.

– Então, o que é a esperança realmente? Uma emoção?

– Não, não é uma emoção. É um aspecto da nossa sobrevivência.

– É uma habilidade de sobrevivência?

– Não é uma habilidade. É algo inato, mais profundo. É quase uma dádiva. Vamos lá, me ajude a pensar em outra palavra.

– Ferramenta? Recurso? Poder?

– Pode ser "poder". Ou "ferramenta". Alguma coisa assim. Mas não uma ferramenta elétrica!

Eu ri da piada dela.

– Não é uma furadeira?

– Não, nada de furadeiras – disse Jane, rindo também.

– Um mecanismo de sobrevivência...?

– Está melhor, mas menos mecânico. Hum... – Jane refletiu, tentando encontrar a palavra mais adequada.

– Impulso? Instinto? – falei.

– Na verdade, é uma característica de sobrevivência – concluiu ela, finalmente. – É isso. É uma característica humana de sobrevivência, sem a qual deixamos de existir.

Se era uma característica de sobrevivência, me perguntei se algumas pessoas tinham mais do que outras, se era possível desenvolvê-la em períodos particularmente estressantes e se ela já havia perdido a esperança alguma vez.

Você alguma vez já perdeu a esperança?

Jane tem uma mistura rara de qualidades: a disposição incansável de um cientista para encarar os fatos e um desejo de entender as questões mais profundas da vida humana, típico daqueles em busca de um caminho espiritual.

– Como cientista, você... – falei.
– Eu me considero uma naturalista – corrigiu ela.
– E qual é a diferença?

Eu sempre havia imaginado que um naturalista era simplesmente um cientista que trabalhava em campo. Jane explicou:

– O naturalista procura as maravilhas da natureza. Ele escuta a voz da natureza e aprende com ela enquanto tenta entendê-la. Já o cientista se concentra mais nos fatos e no desejo quantitativo. Para um cientista, a pergunta é: "Por que esse mecanismo é adaptativo? Como ele contribui para a sobrevivência da espécie?" Como naturalista, é necessário ter empatia, intuição e amor. Você precisa estar preparado para observar um bando de estorninhos e ficar maravilhado com a agilidade impressionante dessas aves. Como conseguem voar em bando sem tocar uns nos outros e, ainda assim, manter uma formação tão compacta, mergulhar e planar juntos, quase como se fossem um único organismo? E por que eles fazem isso? Por diversão? Pela alegria que sentem? – Jane ergueu a cabeça para ver os estorninhos imaginários enquanto suas mãos dançavam como se fossem bandos de passarinhos cortando os céus.

De repente, ficou mais fácil visualizar Jane como uma jovem naturalista, cheia de admiração e fascínio. Quando a chuva começou a cair, interrompendo nossa conversa, não foi difícil imaginá-la jovem, com esperanças e sonhos que pareciam tão distantes e tão difíceis de se concretizar.

Quando a chuva acalmou, recomeçamos nossa conversa.

Perguntei a Jane sobre as lembranças de sua primeira viagem à África. Ela fechou os olhos.

– Foi como um conto de fadas. Não havia aviões voando para todos os lados, como hoje em dia – era 1957 –, então a viagem foi de navio, no *Kenya Castle*. Era para ter durado duas semanas, mas acabou levando um mês, porque a Inglaterra estava em guerra com o Egito, e o canal de Suez estava fechado. Tivemos que contornar todo o continente africano, descendo até a Cidade do Cabo e subindo a costa até Mombasa. Foi uma viagem mágica.

Jane queria realizar seu sonho de estudar os animais na natureza, sonho este que nasceu quando ela era criança, lendo histórias do Dr. Dolittle e do Tarzan.

– Tarzan se casou com a Jane errada – brincou ela. – A improbabilidade da vida de Jane inspirou milhares de pessoas ao redor do mundo. Naquela época, as mulheres não cruzavam os continentes para viver na floresta com os animais selvagens e escrever livros sobre eles. Como disse Jane, "nem mesmo os homens faziam isso!".

Pedi a ela que me contasse mais sobre aquela época.

– Eu era uma aluna excelente, mas quando terminei o ensino médio, aos 18 anos, não tinha dinheiro para cursar a universidade. Precisava trabalhar, por isso fiz um curso técnico de secretariado. Era entediante. Mas minha mãe me disse que eu deveria me empenhar, aproveitar as oportunidades e nunca desistir. Ela sempre falava: "Se você vai fazer uma coisa, deve fazer direito." Acho que esse foi um dos pilares da minha vida. Você não quer fazer o trabalho, quer terminar o mais rápido possível, mas, se vai fazê-lo, dê o seu melhor.

A oportunidade de Jane chegou quando uma amiga da escola a convidou para visitar a fazenda da família, no Quênia. Durante essa visita, ela ficou sabendo do Dr. Louis Leakey, o famoso paleoantropólogo que dedicara a vida a procurar fósseis de nossos ancestrais mais remotos na África. Na época, ele era curador do Coryndon Museum (que hoje se chama Museu Nacional de Nairóbi).

— Alguém me disse que, se eu me interessava por animais, deveria conhecer Leakey. Então agendei uma visita. Acho que ele ficou impressionado com meu conhecimento sobre os animais africanos (eu havia lido tudo o que podia sobre eles). E parece inacreditável, mas, dois dias antes de eu conhecê-lo, a secretária dele foi embora subitamente e ele estava em busca de uma substituta. Aquele curso entediante de secretariado acabou sendo útil!

Ela fora convidada a acompanhar Leakey, a esposa, Mary, e Gillian, outra jovem inglesa, na escavação anual que ele fazia na Garganta de Olduvai, na Tanzânia, em busca de fósseis dos primeiros humanos.

— Ao final dos três meses, Louis começou a falar sobre um grupo de chimpanzés que vivia na floresta ao longo da costa oriental do lago Tanganyika, na Tanzânia, que, na época, tinha o mesmo nome do lago e ainda estava sob domínio colonial britânico. Ele me disse que o hábitat dos chimpanzés era remoto e inóspito, e que seria perigoso, porque os chimpanzés eram quatro vezes mais fortes do que os seres humanos. Ah, como eu ansiava participar de uma aventura como essa que Leakey estava vislumbrando! Ele disse que estava em busca de alguém com mente aberta, apaixonado por aprender, que amasse os animais e tivesse paciência infinita. Leakey acreditava que um entendimento sobre como nossos parentes mais próximos se comportavam na natureza poderia elucidar aspectos da evolução humana. Ele queria alguém para fazer esse estudo porque, embora seja possível saber muito sobre a anatomia de um animal por meio de seus ossos e sobre sua dieta pela análise do desgaste dos dentes, o *comportamento* não fica fossilizado. Ele acreditava que havia existido um ancestral em comum, uma criatura simiesca semelhante a um ser

Jane com o Dr. Louis Leakey – o homem que tornou o sonho dela realidade. (JANE GOODALL INSTITUTE/JOAN TRAVIS)

humano, cerca de 6 milhões de anos atrás. Argumentava que, se os chimpanzés modernos (com os quais partilhamos quase 99% da composição do nosso DNA) demonstram comportamento semelhante (ou idêntico) ao dos seres humanos modernos, isso provavelmente esteve presente também naquele ancestral comum e em parte do nosso repertório, através dos nossos caminhos evolutivos independentes. E essa teoria, pensava ele, possibilitaria um melhor entendimento acerca dos comportamentos dos nossos ancestrais da Idade da Pedra.

Jane fez uma breve pausa no relato, sorrindo ao lembrar-se de seu mentor.

– Eu não fazia a mínima ideia de que ele estava pensando em mim para essa tarefa, e mal pude acreditar quando me perguntou se me sentia preparada para realizá-la. Louis era um verdadeiro gigante: em brilhantismo, visão e estatura. E tinha um ótimo senso de humor. Demorou um ano para conseguir financiamento para a pesquisa. O governo britânico inicialmente negou a permissão, aterrorizado com a ideia de uma jovem branca no meio da floresta, mas Leakey persistiu e, no fim, chegaram a um acordo: eu poderia ir, desde que não fosse sozinha e tivesse uma acompanhante "europeia". Louis queria alguém que pudesse me dar suporte nos bastidores e não competisse comigo, e decidiu que minha mãe seria a candidata perfeita. Acho que ele não teve muito trabalho em convencê-la. Ela adorava um desafio. A expedição não teria sido possível sem ela.

Ela prosseguiu:

– Bernard Verdcourt, o botânico do Coryndon Museum, nos levou até Kigoma, a cidade mais próxima de Gombe, em um Land Rover abarrotado, percorrendo estradas de terra esburacadas. Tempos depois, ele admitiu que, quando nos deixou lá, jamais esperava nos ver vivas novamente.

Jane estava mais preocupada em completar bem sua missão do que com potenciais perigos. Ela fez uma pausa e a incentivei a continuar.

– Quando você estava em Gombe, escreveu uma carta à sua família dizendo: "Meu futuro é tão ridículo, fico aqui agachada como um chimpanzé, nas minhas pedras, tirando espinhos e ferrões e

A mãe de Jane a ajudou a fazer decalques das plantas que ela coletava e que os chimpanzés comiam, bem como a secar os crânios e os ossos que encontrava. Na foto, ambas estão na entrada da tenda militar de segunda mão onde se abrigavam. (JANE GOODALL INSTITUTE/HUGO VAN LAWICK)

rindo ao pensar nessa desconhecida Srta. Goodall, que dizem estar realizando pesquisas científicas em algum lugar." Fale sobre esses momentos de esperança e desespero – pedi, ansioso por entender a incerteza e as dúvidas que ela enfrentou, especialmente quando tentava fazer algo inédito até então.

– Foram tantos momentos de decepção e desespero – explicou Jane. – Eu acordava antes do amanhecer todos os dias e subia as colinas íngremes de Gombe em busca de chimpanzés, mas raramente conseguia vê-los com meus binóculos. Eu me arrastava e engatinhava pela floresta, exausta, os braços e as pernas arranhados pelo mato, e finalmente me deparava com um grupo. Meu coração batia acelerado e, antes que eu pudesse observar qualquer coisa, eles olhavam para mim e fugiam. O dinheiro para a pesquisa duraria apenas seis meses, e os chimpanzés estavam fugindo de mim. As semanas viraram meses. Eu sabia que, com o tempo, ganharia a confiança deles. Mas haveria tempo? Eu sabia que, se isso não acontecesse, decepcionaria Leakey. Ele depositara tanta confiança no meu trabalho, mas o sonho chegaria ao fim. E, acima de tudo, eu jamais conseguiria entender essas criaturas fascinantes, nem o que elas poderiam nos dizer sobre a evolução humana, o que Leakey esperava entender melhor.

Jane não era uma cientista consagrada. Não tinha diploma universitário. Leakey queria alguém cujo pensamento não fosse ainda muito influenciado pelos preconceitos acadêmicos ou por crenças preconcebidas. As descobertas inéditas de Jane, sobretudo acerca das emoções e da personalidade dos animais, talvez jamais tivessem sido possíveis se ela houvesse sido treinada para negar que os animais pudessem tê-las, um pensamento comum nas universidades da época.

Jane teve sorte por Leakey acreditar que as mulheres talvez fossem melhores pesquisadoras de campo – que talvez elas fossem mais pacientes e demonstrassem mais empatia para com os animais que estavam estudando. Após enviar Jane para a floresta, Leakey ajudou duas outras jovens a realizarem os respectivos sonhos, conseguindo financiamento para Diane Fossey estudar os gorilas das montanhas e para Biruté Galdikas pesquisar os orangotangos. As três jovens se tornaram conhecidas como "as Trimatas".

– Quando vi o terreno inóspito e montanhoso do parque, pensei: *Como vou encontrar os elusivos chimpanzés?* Não foi nada fácil. Minha mãe desempenhou um papel muito importante. Eu retornava ao acampamento chateada porque os chimpanzés haviam, novamente, fugido de mim. Mas minha mãe afirmava que eu estava aprendendo mais do que percebia. Eu havia descoberto um cume onde podia me sentar e escrutinar dois vales. E, com meus binóculos, observei-os fazerem ninhos para dormirem no topo das árvores e viajarem em grupos de tamanhos diferentes. Aprendi o que comiam e seus diferentes chamados.

Jane fixou uma câmera a uma árvore e fotografou a si mesma procurando sinais dos chimpanzés. (JANE GOODALL INSTITUTE/JANE GOODALL)

Mas Jane sabia que não era o suficiente para garantir um novo financiamento após o término dos seis meses.

– Escrevi muitas cartas para Leakey quando os chimpanzés estavam fugindo de mim. "Você depositou toda a sua confiança em mim e não consigo fazer o trabalho", eu dizia. E ele respondia: "Eu sei que você vai conseguir."

– O incentivo de Leakey deve ter significado muito para você – falei.

– Na verdade, só piorou as coisas. Cada vez que ele dizia "Eu sei que você consegue", eu pensava: *Mas, se eu não conseguir, vou decepcioná-lo.* Era isso o que realmente me preocupava. Ele havia colocado sua reputação em risco ao conseguir financiamento para uma jovem desconhecida. Como ele se sentiria, e como *eu* me sentiria, se o decepcionasse?

Ela escreveu a Leakey diversas vezes, desesperada, relatando que não estava dando certo, e ele respondia: "Eu *sei* que você vai conseguir." Na carta seguinte, a palavra "sei" estava em letras maiúsculas e sublinhada. Jane ficava cada vez mais desesperada.

– Deve ter havido algo na crença dele no seu sucesso que também a incentivou a persistir – sugeri.

– A crença dele provavelmente me fez trabalhar ainda mais arduamente, embora eu não saiba como poderia trabalhar com mais afinco do que já vinha fazendo. Eu saía todos os dias às 5h30 e engatinhava pela floresta ou ficava no meu cume observando até quase o anoitecer.

Parece ter sido um período cheio de perigos, desafios e obstáculos, mas Jane era destemida. Certa vez, ficou sentada no chão observando uma cobra venenosa rastejar sobre suas pernas. Sentia que nenhum animal iria machucá-la, porque "o meu lugar era ali". Ela acreditava que, de alguma maneira, os animais sabiam que ela não lhes faria mal. Leakey havia encorajado essa crença, e de fato nenhum animal selvagem jamais a machucou até hoje.

Embora acreditar nisso fosse importante, Jane também sabia se comportar diante do perigo. Sabia, principalmente, que as atitudes mais arriscadas eram se colocar entre uma mãe e seu filhote, confrontar um animal ferido ou que houvesse aprendido a odiar humanos.

– Leakey aprovou minha reação quando, certa tarde, após um dia cansativo de trabalho sob o sol ardente, Gillian e eu estávamos voltando para o acampamento quando senti que havia alguém atrás de mim: um jovem leão curioso. Ele já tinha o tamanho de um adulto, mas sua juba ainda estava começando a crescer. Disse a Gillian para continuar caminhando e se distanciar devagar, escalando o desfiladeiro até uma área plana logo acima. Louis disse que foi sorte não termos corrido, ou o leão poderia ter nos perseguido.

Não foi a única ocasião.

– Ele também aprovou minha reação quando nos deparamos com um rinoceronte-negro macho. Eu disse para permanecermos completamente imóveis, pois os rinocerontes não enxergam muito bem. E, por sorte, senti que o vento estava soprando na nossa direção, portanto eu sabia que nosso cheiro não chegaria até ele. O rinoceronte percebeu que havia algo de estranho adiante e correu de um lado para outro com o rabo erguido, mas acabou indo embora. Acho que essas reações, e minha disposição para cavar oito horas por dia em busca de fósseis, explicam por que Leakey me ofereceu a chance de estudar os chimpanzés.

Em Gombe, Jane perseverou e, aos poucos, conseguiu conquistar a confiança dos chimpanzés. À medida que foi conhecendo esses animais, deu nome a eles, assim como fez com todos os que adotou ou observou. Mais tarde, diriam a ela que era mais "científico" identificá-los por números. Mas, como nunca fez faculdade, Jane não sabia disso – e me disse que, mesmo que soubesse, tem certeza de que teria dado nomes aos chimpanzés.

– David Greybeard, um belo chimpanzé com pelos brancos no queixo, foi o primeiro a confiar em mim. Ele era bem calmo, e acho que sua aceitação convenceu os demais de que eu não era tão perigosa assim.

David Greybeard foi o primeiro chimpanzé que Jane observou usando caules de grama como ferramenta para pegar cupins dentro de um cupinzeiro. Depois, ela o viu arrancar as folhas de um galho para a mesma finalidade. Na época, a comunidade científica acreditava que apenas os humanos eram capazes de fabricar ferramentas, o que nos distanciou dos demais animais. Éramos definidos como "Homem, o animal que produz ferramentas".

Quando as descobertas de Jane foram divulgadas, essa objeção à singularidade humana causou comoção em todo o mundo. O famoso telegrama de Leakey a Jane dizia: "Ah! Agora devemos redefinir os seres humanos, redefinir as ferramentas, ou então aceitar os chimpanzés como humanos!" A revista *Time* escreveu que David Greybeard era um dos quinze animais mais influentes que já viveram.

– A partir do momento em que observei David Greybeard e como ele usava ferramentas, tudo mudou – relembra Jane.
– A *National Geographic* concordou em financiar minha pesquisa quando o primeiro aporte terminou e enviou Hugo para filmar tudo.

Hugo van Lawick, o cineasta holandês que registrou as des-

David Greybeard em um cupinzeiro com uma ferramenta de grama na boca. Essa foto foi tirada logo após a primeira observação dele fisgando os cupins. (JANE GOODALL INSTITUTE/JUDY GOODALL)

cobertas de Jane, acabou se tornando seu primeiro marido. Sobre esse romance, Jane diz:

– Foi graças a Louis, por sugerir que Hugo seria a pessoa ideal, e à *National Geographic*, por concordar em enviá-lo.

– Então Louis foi o cupido?
– Sim, foi. Na verdade, eu não estava à procura de um companheiro, mas Hugo chegou no meio do nada e lá estávamos nós. Nós dois éramos razoavelmente atraentes, amávamos animais e amávamos a natureza. Então era bastante óbvio que o relacionamento iria funcionar.

A foto mostra o equipamento pesado que Hugo carregava por todos os lados, uma antiga câmera Bolex 16mm. Em Gombe Beach.
(ABC NEWS PUBLICITY PHOTO)

Jane relembrou seu primeiro casamento com a tranquilidade de quem já se divorciara fazia quase cinco décadas – se separou de Hugo em 1974. Ela se casaria novamente, com Derek Bryceson, diretor do Tanzanian Park, mas ele morreria de câncer menos de cinco anos depois, quando ela tinha apenas 46 anos.

Quando entrou na floresta com seus próprios sonhos e esperanças, Jane não fazia a menor ideia de que a esperança se tornaria um dos temas centrais de seu trabalho. Perguntei a ela sobre o papel que a esperança desempenhou naqueles anos iniciais.

– Sem a esperança de que, com o tempo, eu conseguiria conquistar a confiança dos chimpanzés, teria desistido. – Fez uma pausa e abaixou a cabeça. – É claro que havia a preocupação incessante se teríamos tempo suficiente. Suponho que seja um pouco como a mudança climática. Sabemos que *podemos* desacelerá-la, mas não sabemos se teremos tempo hábil para virar o jogo.

Ambos ficamos em silêncio, sentindo o peso da reflexão de Jane. Mesmo antes de a crise climática ser amplamente discutida, foi sua preocupação com o meio ambiente e os chimpanzés que a levou a deixar Gombe.

– Durante meus primeiros anos lá, vivi em meu próprio mundo mágico, continuamente aprendendo sobre os chimpanzés e a floresta. Mas, em 1986, tudo mudou. Àquela altura, havia diversos outros acampamentos de pesquisa espalhados pela África, e eu ajudei a organizar uma conferência para reunir os cientistas.

Nessa conferência, Jane soube que, em todos os locais onde havia pesquisadores estudando os chimpanzés, a população desses animais vinha diminuindo e suas florestas estavam sendo destruídas. Eles estavam sendo caçados por sua carne, capturados em armadilhas e expostos a doenças humanas. As mães eram mortas para que os filhotes pudessem ser vendidos como animais de estimação ou para zoológicos, treinados em circos ou utilizados como cobaias em laboratórios de pesquisas médicas.

Jane me disse que na ocasião conseguiu um financiamento para visitar seis países ao longo da cordilheira dos chimpanzés, na África.

– Aprendi bastante sobre os problemas enfrentados por eles, mas também sobre os problemas enfrentados pelas populações humanas que vivem ao redor das florestas dos chimpanzés. A pobreza extrema, a falta de educação formal ou de acesso a sistemas de saúde, a degradação da terra com o aumento populacional. Quando fui para Gombe em 1960, o país fazia parte do grande cinturão de floresta equatorial que se estendia pela África. Em 1990, a área havia se tornado um pequeno oásis de floresta rodeado por colinas completamente desprovidas de vegetação. Havia mais pessoas vivendo ali do que a terra podia suportar, pobres demais para comprarem comida de outro lugar, lutando para sobreviver. As árvores haviam sido cortadas de modo a abrir espaço para plantações ou para a produção de carvão. Percebi que, se não conseguíssemos ajudar as pessoas a encontrar uma maneira de sobreviver sem destruir o meio ambiente, não haveria como salvar os chimpanzés.

Eu sabia que Jane passara as últimas três décadas lutando pelos direitos dos animais, das pessoas e do meio ambiente, e fiquei tocado quando ela complementou:

– Agora, o dano que causamos é inegável.

Finalmente reuni coragem para uma pergunta muito pessoal, que eu tinha hesitado em fazer antes.

– Você alguma vez já perdeu a esperança?

Eu não sabia se o ícone mundial da esperança admitiria já tê-la perdido.

Ela refletiu por um momento. Eu sabia que sua motivação e sua resiliência tornavam essa possibilidade bastante remota, mas sabia também que ela já havia enfrentado muitas crises e perdas. Por fim, ela soltou o ar e disse:

– Talvez, por algum tempo. Quando Derek morreu. O sofrimento pode levar a pessoa a perder a esperança.

Esperei enquanto Jane processava memórias dolorosas.

– Jamais me esquecerei de suas últimas palavras. Ele disse: "Não sabia que era possível sentir tanta dor." Fico tentando esquecer essas palavras, mas não consigo. Mesmo tendo havido momentos em que ele não sentia dor e estava bem, aquelas últimas palavras angustiantes continuam voltando. É horrível.

Tentei imaginar a dor de ouvir seu cônjuge sofrendo e perguntei a ela como conseguiu superar isso.

– Após a morte dele, várias pessoas me ajudaram. Voltei para o santuário da minha casa na Inglaterra, The Birches. Uma das minhas cadelas me ajudou muito também. Ela dormia na cama comigo, oferecendo o tipo de conforto que sempre obtive da companhia

Quando estavam em Dar es Salaam, Jane e Derek entravam em contato com Gombe todos os dias, por rádio ou telefone (na mesa). O cão resgatado é Wagga. (JANE GOODALL INSTITUTE/CORTESIA DA FAMÍLIA GOODALL)

de um cachorro. Então retornei à África e fui para Gombe. O que mais me ajudou foi a floresta. Ela me deu uma sensação de paz e atemporalidade, e me fez lembrar do ciclo da vida e da morte pelo qual todos passamos... e me manteve ocupada. Isso ajuda.

– Só posso imaginar como esse período deve ter sido difícil – falei.

Eu nunca havia perdido alguém próximo, como meus pais ou um cônjuge, mas fiquei tocado pela dor em sua voz mesmo após tantas décadas.

Bugs bocejou e pulou do colo de Jane, a soneca terminada, pronto para a próxima refeição ou aventura.

– Você alguma vez já perdeu a esperança no futuro da humanidade? – perguntei, sabendo que a desesperança pode tanto ser pessoal quanto global, especialmente quando tantas coisas pareciam caminhar na direção errada.

– Às vezes eu me pergunto por que me sinto tão esperançosa. Afinal, os problemas que o planeta enfrenta são enormes. E, se fizermos uma análise cuidadosa, muitas vezes parecem impossíveis de serem solucionados. Então por que me sinto assim? Em parte, porque sou obstinada. Simplesmente não desisto. Mas também porque não podemos prever com precisão o que o futuro pode trazer. Simplesmente não podemos. Ninguém tem como saber o que vai acontecer.

De alguma maneira, ouvir que a esperança de Jane havia sido testada e questionada fez dela uma mulher mais inspiradora e, o que pode soar estranho, mais fidedigna.

Ainda assim, me perguntei por que algumas pessoas se recuperam da dor e da perda mais rapidamente do que outras. Será que existe alguma ciência capaz de explicar a esperança e por que algumas pessoas têm mais esperança do que outras? De que forma poderemos, todos nós, encontrar a esperança quando precisarmos dela?

A ciência pode explicar a esperança?

Quando Jane e eu concordamos em escrever este livro sobre a esperança, fiz uma breve pesquisa a respeito desse campo de estudo relativamente novo. Fiquei surpreso ao saber que ter esperança é muito diferente de desejar ou fantasiar. A esperança leva ao sucesso futuro de uma maneira que o pensamento positivo não consegue. Embora ambos envolvam pensar no futuro com riqueza de detalhes, apenas a esperança nos impulsiona a agir em direção à meta que desejamos atingir – algo que Jane enfatizaria repetidamente durante nossos encontros seguintes.

Quando nos concentramos no futuro, nos deparamos com três possibilidades: *fantasiamos*, o que envolve grandes sonhos, que, normalmente, servem apenas como entretenimento; *perdemos tempo*, que envolve nos preocuparmos com todas as coisas ruins que podem acontecer (esse era o passatempo oficial da minha cidade natal); ou *temos esperança*, que consiste em visualizar o futuro sem desprezar a inevitabilidade dos desafios. É interessante notar que pessoas que têm mais esperança geralmente antecipam os obstáculos e trabalham para removê-los. Eu estava aprendendo que a esperança não era uma maneira Poliana de evitar problemas, mas sim de encará-los. Mas, ainda assim, eu sempre havia imaginado que pessoas com esperança e otimismo já nasciam com essas características, e queria saber se Jane concordava com a ideia.

– Você não acha que algumas pessoas simplesmente são mais otimistas e esperançosas do que outras?

– Bem, talvez. Mas esperança e otimismo não são a mesma coisa.

– E qual é a diferença? – perguntei.

– Não faço a menor ideia. – Ela riu.

Esperei em silêncio, sabendo que Jane adorava o questionamento científico e o debate. Dava para perceber que ela estava ponderando sobre a diferença.

– Bom, acho que uma pessoa ou é otimista ou não é. É uma disposição ou uma filosofia de vida. Como otimista, você pode pensar: "Ah, vai ficar tudo bem." É o oposto de um pessimista, que diz: "Ah, isso não vai funcionar nunca." Já a esperança é uma determinação incansável de *fazer todo o possível* para que funcione. E é algo que podemos cultivar. Ela pode mudar ao longo da nossa vida. É claro, uma pessoa de natureza otimista tem muito mais probabilidade de ter esperança, porque enxerga o copo meio cheio ao invés de meio vazio!

– Os nossos genes determinam se somos otimistas ou pessimistas?

– Com base em tudo que já li a respeito, existem evidências de que uma personalidade otimista pode ser, em parte, o resultado de herança genética, mas essa herança, com certeza, pode ser influenciada por fatores ambientais. Da mesma forma, aqueles que nascem sem a predisposição genética para o otimismo também podem desenvolver expectativas mais otimistas e autoconfiantes. Isso ressalta a importância do ambiente e da educação na vida de uma criança. Um ambiente familiar com o apoio necessário exerce uma *enorme* influência... Sei que tive muita sorte na minha infância, especialmente por causa da minha mãe. Mas como saber se eu seria menos otimista se tivesse menos apoio familiar? Eu me lembro de ter lido em algum lugar que dois gêmeos idênticos, criados em ambientes familiares distintos, ainda assim tinham personalidades parecidas. Mas, como eu disse, é também verdade que o ambiente pode afetar a expressão dos genes.

– Você já ouviu a piada sobre a diferença entre um otimista e um pessimista? – perguntei. – O otimista acha que esse é o melhor mundo possível e o pessimista teme que o otimista esteja certo.

Jane riu.

– Não sabemos o que vai acontecer no futuro, não é mesmo? Mas não dá para simplesmente achar que podemos cruzar os braços e tudo vai dar certo.

A visão pragmática de Jane me fez pensar em uma conversa que tive com Desmond Tutu, que enfrentou muitas mudanças trágicas e adversidades em sua luta para livrar a África do Sul do regime racista do apartheid.

– O arcebispo Tutu me disse uma vez que o otimismo pode rapidamente se transformar em pessimismo quando as circunstâncias mudam. A esperança, explicou ele, é uma fonte de força muito mais profunda, praticamente inabalável. Quando um jornalista perguntou a Tutu por que ele era otimista, ele disse que não era otimista, e sim um "prisioneiro da esperança", citando o profeta bíblico Zacarias. Ele disse que ter esperança é enxergar a luz apesar de toda a escuridão.

– Sim – disse Jane. – A esperança não nega as dificuldades e os perigos, mas não se deixa bloquear por eles. Há muita escuridão, mas nossas ações criam a luz.

– Então parece que podemos mudar nossa perspectiva para ver a luz, assim como trabalhar para criar ainda mais luz.

Jane assentiu.

– É importante agir e perceber que *podemos* fazer a diferença. Isso vai incentivar outras pessoas a agirem também, e então nos damos conta de que não estamos sozinhos e que nossas ações cumulativas fazem uma diferença ainda maior. É assim que espalhamos a luz. E é claro que isso torna todos nós ainda mais esperançosos.

– Sempre me sinto um pouco cético em relação a tentativas de quantificar algo intangível como a esperança – admiti. – No entanto, algumas pesquisas interessantes apontam para o fato de a esperança impactar profundamente nosso sucesso, nossa felicidade e até mesmo nossa saúde. Uma meta-análise de mais de cem estudos sobre a esperança demonstrou que ela leva a um aumento de 12% no desempenho acadêmico, 14% no sucesso profissional e 14% nos níveis de felicidade. O que você pensa sobre isso?

– Tenho certeza de que a esperança exerce uma diferença significativa em diversos aspectos da nossa vida. Ela impacta o nosso comportamento e os objetivos que podemos atingir. Mas também acho importante lembrar que, embora as estatísticas possam ajudar, as pessoas são movidas à ação muito mais com base no compartilhamento das experiências do que em estatísticas. Tantas pessoas me agradecem por não fornecer dados estatísticos em minhas palestras!

– Mas não queremos fornecer os fatos às pessoas? – perguntei.

– Bom, podemos colocar todos os fatos no fim do livro, para aqueles que se interessarem pelos detalhes.

Combinamos de adicionar uma sessão intitulada Bibliografia Sugerida para os interessados em saber mais sobre as pesquisas que discutimos em nossas conversas. Então perguntei a Jane sobre a natureza comunal da esperança.

– Para você, qual é a relação entre a esperança que as pessoas sentem na vida pessoal e a que sentem em relação ao mundo?

– Digamos que você seja um pai ou uma mãe. Você espera que seu filho tenha acesso a uma boa educação, encontre um bom emprego e seja uma pessoa decente. Na vida pessoal, espera ser capaz de encontrar um bom emprego e sustentar sua família. Essa é a esperança para você e a sua vida. Mas suas esperanças obviamente se estendem para a comunidade e o país onde você vive. A esperança de que sua comunidade lutará contra um empreendimento que vai poluir o ar e afetar a saúde do seu filho. A esperança de que os líderes políticos corretos sejam eleitos para que seus anseios se concretizem mais facilmente.

Era claro, pelo que Jane estava dizendo, que cada um de nós tem sonhos e esperanças para a nossa própria vida e sonhos e esperanças para o mundo. A ciência da esperança identificou quatro componentes essenciais para prolongar o sentimento de esperança em nossa vida – e talvez no mundo. Precisamos perseguir *metas realistas*, assim como planejar *maneiras realistas* de atingi-las. Além disso, precisamos ter *confiança* de que podemos cumprir essas metas e *apoio* para superar as adversidades que aparecerão no caminho. Alguns pesquisadores chamam esses quatro componentes de "ciclo da esperança", porque, quanto mais os cultivamos, mais eles se estimulam mutuamente e inspiram a esperança em nossa vida.

A ciência da esperança é interessante, mas eu queria saber o que Jane pensava a respeito de tudo isso, especialmente sobre como podemos ter esperança em períodos turbulentos. Antes que pudéssemos explorar essa pergunta, o Dr. Anthony Collins, colega de Jane em Gombe, veio dizer que a equipe de filmagem da *National Geographic* precisava dela. Encerramos a conversa do dia e concordamos em retomar na manhã seguinte, com a discussão sobre a esperança diante das crises. Mal sabia eu que na noite seguinte a esperança subitamente se tornaria mais urgente (e difícil), enquanto eu enfrentava uma crise pessoal.

Como ter esperança em tempos difíceis?

Acordei cedo no calor úmido da manhã de verão da Tanzânia, com o muezim chamando para a oração. Sob a luz rosada do amanhecer, enquanto o céu e a água clareavam, observei um pescador em uma pequena canoa de madeira jogando uma delicada rede branca de pesca na água, esperando apanhar algum peixe. Ele jogou a rede diversas vezes, porém ao puxá-la vinham apenas folhas e galhos, e uma vez até um saco e uma garrafa plástica, mas nenhum peixe. Com certeza era a esperança – e a fome – que o fazia levantar-se todas as manhãs para alimentar sua família.

Quando cheguei à casa de Jane, ela me encontrou no jardim e apontou para uma mancha escura na própria calça, na altura do joelho.

– É sangue – disse ela.

Enquanto caminhávamos pelo vasto jardim selvagem, Jane me mostrou onde havia tropeçado e cortado o joelho na noite anterior.

– Eu estava segurando as velas assim – contou, erguendo as mãos – para poder enxergar por onde estava caminhando, mas não era possível ver o chão. Alguém disse "cuidado com o degrau", mas eu já tinha tropeçado.

Jane parecia não se importar muito com o machucado.

– Meu corpo se recupera rápido.

– Tenho certeza de que já enfrentou coisas piores – falei, tentando imitar sua atitude tranquila.

– Ah, com certeza. Olhe isso. – Jane apontou para sua bochecha, quase orgulhosa da depressão que era provavelmente resultado de uma fratura. – Foi uma interação que tive com uma pedra em Gombe.

– Conte o que aconteceu.

– Bom, se vamos falar a respeito, vou contar em detalhes, porque foi bastante dramático...

Antes que ela pudesse começar a história, os cachorros correram e pularam em nós, alegres. Um deles, Marley, era branco com perninhas curtas, parecendo um misto de Corgi com West Highland Terrier, com orelhas felpudas. O outro, Mica, era um cachorro grande, preto e marrom, com orelhas longas como as de um labrador.

– Eles foram resgatados – disse Jane. – Mica veio de um abrigo fundado por uma amiga. E Marley foi encontrado por Merlin, andando pela rua, abandonado. Não temos a menor ideia da história de vida dele.

Ela fez carinho neles ao começar sua história.

– Foi há doze anos, quando eu tinha 74. Eu estava subindo uma encosta muito íngreme. Foi bobagem minha, mas a chimpanzé tinha subido e eu queria encontrá-la. A encosta era escorregadia, e estávamos na estação seca, por isso não havia nada nas laterais em que eu pudesse me agarrar, apenas alguns tufos de grama que se soltavam assim que eu os pegava. Mas eu já estava quase no topo, e logo acima havia uma pedra grande, então pensei que poderia me segurar naquela pedra e depois em outra maior que eu conseguia ver dali, e assim eu chegaria ao topo. Estiquei a mão, me apoiei na pedra e, para minha surpresa, ela se desprendeu. E era desse tamanho – Jane abriu as mãos indicando cerca de 60 centímetros – e muito pesada. Ela caiu no meu peito e despencamos juntas. Acho que aterrissei de lado, sobre uma vegetação que eu nem tinha visto que existia. A pedra continuou caindo pela encosta, que tinha uns 30 metros de altura. Se não fosse pela vegetação, eu não estaria aqui agora. Foram necessários dois homens com uma maca para trazer a pedra de volta. Hoje ela fica do lado de fora da minha casa, em Gombe. Sempre faço as pessoas tentarem adivinhar quanto ela pesa.

– E quanto ela pesa?

– Cinquenta e cinco quilos.

– Bem, somado à velocidade da queda, o impacto no seu corpo enquanto você despencava da encosta deve ter sido bem maior!

– E eu não sei? – disse Jane.

– O que será que desviou você para aquela vegetação?

– Alguém ou alguma força desconhecida que estava tomando conta de mim lá de cima – disse Jane, olhando para o alto. – Esse tipo de coisa já me aconteceu antes.

– Alguém... – Eu comecei a falar, mas Jane ainda estava finalizando sua história.

Não tivemos a chance de discutir quem ou o que estava tomando conta dela, mas eu tinha certeza de que voltaríamos àquele tópico futuramente.

– Dois dias depois, quando tive acesso a uma máquina de raios X, descobri que tinha deslocado o ombro. E muito mais tarde, após os hematomas no meu rosto sumirem, eu tinha certeza de que havia algo errado. E pedi ao meu dentista para tirar um raio X.

– Seu *dentista*?

– Ora, já que eu estava lá mesmo... E eu não tinha a menor vontade de passar pela chatice de marcar uma consulta com um médico. Ele disse que não podia fazer um raio X adequadamente, mas que parecia que eu havia fraturado o osso da bochecha. Disse que poderia colocar uma placa de metal. Mas eu tinha certeza de que não precisava de uma placa de metal no rosto. Imagine a confusão ao passar pela segurança nos aeroportos! Além do mais, eu não tinha tempo para ficar sentindo dores. Tinha trabalho a fazer. Eu ainda não tenho tempo para ficar sentindo dores. Ainda tenho trabalho a fazer.

Muitas pessoas idosas que conheço passam um bom tempo se concentrando nas dores que sentem, mas aquelas que parecem mais saudáveis e felizes são as que focam em algo além dos próprios problemas. Jane estava revelando um poderoso exemplo de resiliência e persistência diante dos obstáculos, duas características que os pesquisadores me disseram ser essenciais para a esperança. Nada a impediria de atingir seu objetivo.

– Você sempre foi assim, forte e corajosa?

Jane riu.

– Não, fui uma criança que vivia doente. Na verdade, meu tio Eric, que era médico, costumava me chamar de Weary Willy.* E eu sinceramente achava que meu cérebro tremia dentro da minha cabeça. Não sei por quê. Tinha crises de enxaqueca terríveis.

– Eu também tinha enxaqueca. É horrível – falei.

Eu estava impressionado por sua força mental, que parece ter contribuído para que ela se tornasse tão destemida na vida adulta. Aquilo me fez lembrar de uma das histórias mais comoventes que já escutei sobre o poder da mente.

– Você conhece o trabalho da psicóloga Edith Eger? – perguntei, sabendo do interesse de Jane pelo Holocausto e pelo que ele revela sobre a natureza humana.

Ela não conhecia. Comecei a contar.

– A Dra. Eger tinha apenas 16 anos quando foi colocada em um vagão de transporte de gado com a família, rumo a Auschwitz. A mãe dela disse: "Não sabemos para onde estamos indo ou o que vai acontecer. Mas lembre-se de que ninguém pode arrancar de você a sua determinação." Ela se lembrou das palavras da mãe

---

* Pessoa fraca, sem energia. (*N. da T.*)

mesmo depois que os pais foram enviados ao crematório. Mesmo quando todos ao redor dela, desde os guardas até os outros prisioneiros, diziam que ela jamais sairia dali com vida, ela nunca perdeu a esperança. Eger disse a si mesma: "Isso é temporário. Se eu sobreviver hoje, amanhã estarei livre." Outra garota no campo de concentração ficou muito doente. Todas as manhãs, a Dra. Eger esperava encontrar a menina morta na cama. Mas todos os dias ela se esforçava para se levantar e enfrentar mais um dia de trabalho. Sempre que era colocada na fila de seleção, conseguia demonstrar estar saudável o suficiente para não ser enviada à câmara de gás. E a cada noite ela desabava na cama, com dificuldade para respirar. Eger lhe perguntou como conseguia se manter viva, e a menina disse: "Ouvi dizer que seremos libertadas no Natal." A menina contou os dias e as horas, mas o Natal chegou e elas continuaram presas. Ela morreu no dia seguinte. Eger disse que a esperança tinha mantido a menina viva e que, quando ela a perdeu, perdeu também a vontade de viver. Segundo Eger, as pessoas que perguntam como se pode ter esperança em uma situação aparentemente sem solução, como um campo de concentração, confundem esperança com idealismo. O idealismo espera que tudo seja justo, fácil ou bom. Para ela, é um mecanismo de defesa não muito diferente da negação ou da ilusão. A esperança não nega a existência do mal, mas é uma resposta a ele.

Eu estava começando a perceber que a esperança não era simplesmente um pensamento positivo. Ela levava em consideração os fatos e os obstáculos, mas não permitia que eles causassem desespero ou bloqueassem o caminho. Com certeza, isso era verdade em muitas situações aparentemente sem solução.

– Eu sei que a esperança nem sempre se baseia na lógica. Na verdade, ela pode parecer bastante ilógica – disse Jane, pensativa.

A atual situação global pode parecer sem solução, mas, ainda assim, Jane tem esperança, mesmo quando a "lógica" diz não existir motivo para isso. Talvez a esperança não seja unicamente uma expressão dos fatos. A esperança é como criamos fatos novos.

Eu sabia que a esperança de Jane, apesar da realidade global desanimadora, se amparava em quatro razões principais: *o maravilhoso intelecto humano, a resiliência da natureza, o poder dos jovens e o indômito espírito humano*. E eu sabia que ela viajava pelo mundo compartilhando sua sabedoria e inspirando as pessoas a terem esperança. Eu estava ansioso para explorar e debater essas razões com ela. Por que ela achava que o *maravilhoso intelecto humano* era uma razão para se ter esperança, mesmo considerando todo o mal que ele era capaz de causar? Afinal, nossa sabedoria não nos havia levado à beira da destruição? Eu podia imaginar por que Jane tinha esperança na *resiliência da natureza*, mas será que a natureza seria capaz de suportar a destruição que estávamos causando? E por que *os jovens* eram uma fonte de esperança para ela, considerando que gerações anteriores não foram capazes de resolver os problemas que enfrentamos e que os jovens atuais ainda não estão no comando? Finalmente, o que ela queria dizer com *o indômito espírito humano*, e como isso poderia nos salvar? Mas nosso tempo naquele dia havia acabado e concordamos em retomar a conversa na manhã seguinte.

Nossos planos, porém, estavam prestes a ser interrompidos.

Tarde da noite, meu celular tocou. Era a minha esposa, Rachel. Meu pai fora levado ao hospital às pressas e a situação parecia séria. Peguei o primeiro voo para Nova York e liguei para Jane dizendo que teríamos que adiar nossas conversas até o quadro de saúde do meu pai se estabilizar. Para mim, a esperança e o desespero não eram mais apenas ideias. Eram tudo.

2

As quatro razões de Jane para ter esperança

(CATALIN E DANIELA MITRACHE)

RAZÃO Nº 1:
O maravilhoso intelecto humano

– Sinto muito. Fiquei triste ao saber de seu pai – declarou Jane quatro meses depois, quando nos encontramos na Holanda.

O que havia sido diagnosticado inicialmente como sintomas comuns do envelhecimento e uma doença na perna do meu pai acabou se revelando um invasivo linfoma de células T do sistema nervoso central. O câncer atacou a medula espinhal e posteriormente o cérebro. Passei os meses seguintes com meu pai no hospital em Nova York, enquanto ele tentava heroicamente manter a esperança e a lucidez, até que, por fim, ambos sucumbiram. Jamais me esquecerei da coragem e da tranquilidade com que ele recebeu a notícia de que seu câncer era incurável e que lhe restavam apenas semanas, talvez alguns meses, de vida. "Acho que chegou a hora de encarar o que é inevitável", disse ele.

Quando sofria dores excruciantes e estava à beira da morte, perguntei por quanto tempo ele achava que ficaria entre nós. "Apenas o suficiente para receber minhas instruções de pouso", disse ele, "ou até saltar para a eternidade." Percebi que havia limites para a esperança e ainda estava em luto. A bondade e a compreensão de Jane significaram muito durante os meses em que meu pai esteve doente, até a morte dele.

Dessa vez, Jane e eu nos encontramos em um chalé recém-reformado no meio da floresta, em uma reserva próxima a Utrecht.

O lugar era aconchegante e com ótimo isolamento térmico, mantendo-nos a salvo do vento gelado e das baixas temperaturas que tomam conta da Holanda durante o inverno. Ficamos sentados, um de frente para o outro, enquanto alguns raios de sol entravam pela janela e o fogo estalava na lareira.

Jane acabara de passar quatro dias na casa da família, na Inglaterra, após uma longa viagem a Pequim, Chengdu, Kuala Lumpur, Penang e Singapura. Apesar do périplo, ela parecia energizada e ávida para começarmos. Vestia uma camisa azul de gola alta e uma jaqueta verde, e suas mãos estavam cruzadas sobre um cobertor cinza de lã.

– Obrigado por suas condolências – falei. Jane havia escrito para mim quando meu pai faleceu. – Peço desculpa por ter ido embora de maneira tão repentina.

Freud era o macho dominante nessa época. Era inteligente e um excelente líder. Será que algum dia saberemos o que eles pensam? (MICHAEL NEUGEBAUER/WWW.MINEPHOTO.COM)

– A parte triste foi o motivo da sua partida.

– Os últimos meses foram difíceis – admiti.

– Você nunca supera essa dor. É uma perda muito grande – disse Jane. – Acho que a intensidade do seu sofrimento é um lembrete da intensidade do seu amor.

Sorri, emocionado com suas palavras.

– Ele foi um pai maravilhoso.

No leito de morte do meu pai, seu coração e seu amor foram muito mais importantes do que sua mente ou sua razão. Sendo assim, eu não entendia por que o intelecto humano era uma das razões de Jane para se ter esperança. Quando os neurônios do meu pai pararam de fazer conexões e ele entrou em delírio, percebi como a nossa mente é frágil, delicada e falível.

Ficamos sentados em silêncio por alguns instantes, honrando a memória do meu pai e de todas as pessoas que perdemos. E então recomeçamos.

– Por que o intelecto humano é, para você, uma das razões para ter esperança? – perguntei.

O pai de Doug, Richard Abrams, muitos anos antes do diagnóstico.
(MICHAEL GARBER)

De macaco pré-histórico a mestre do mundo

– Bom, o que mais nos diferencia dos chimpanzés e de outros animais é o desenvolvimento explosivo do nosso intelecto – disse Jane.

– O que exatamente você quer dizer com *intelecto* humano?
– A parte do nosso cérebro que analisa e soluciona problemas.

Durante um período, os cientistas acreditavam que essas características eram exclusivas dos humanos, e Jane foi uma das pessoas que mais contribuíram com observações para demonstrar que a inteligência é algo comum a todos os animais, incluindo os humanos. Mencionei isso a ela.

– Sim, hoje em dia sabemos que os animais são muito mais inteligentes do que imaginávamos. Os chimpanzés e os outros macacos podem aprender quatrocentas ou mais palavras da linguagem dos sinais, podem resolver problemas complexos em um computador e, assim como os porcos, adoram pintar e desenhar. Os corvos são muito inteligentes, assim como os papagaios. Os ratos são extremamente espertos.

Diversos animais expressam sua inteligência por meio da arte. Pigcasso, originalmente destinada a virar bacon e presunto, foi resgatada por Joanne Lefson e ensinada a pintar. Ela gosta de pintar diante de uma bela paisagem – ao fundo, vemos Table Mountain, na África do Sul. Seus quadros são vendidos por milhares de dólares. (WWW.PIGCASSO.ORG)

– Lembro-me de você me dizendo, na Tanzânia, que os polvos são muito espertos e podem resolver vários tipos de problema, mesmo que o cérebro deles seja estruturado de maneira diferente do cérebro dos mamíferos.

Jane riu.

– Na verdade, eles têm cérebros em cada um dos seus oito tentáculos! Acho que você vai gostar disto: aparentemente, é possível ensinar abelhas a se enrolarem como uma bolinha em troca de néctar. E o mais impressionante: outras abelhas, que não receberam treinamento, podem executar a mesma atividade simplesmente a partir da observação das abelhas treinadas. Estamos aprendendo coisas o tempo inteiro. Sempre digo a meus alunos que este é um momento maravilhoso para se estudar a inteligência dos animais.

– Então, o que exatamente em nosso intelecto nos torna tão diferentes de outros animais?

– Muito embora os chimpanzés, nossos parentes mais próximos, se saiam muito bem em diversos testes de inteligência, nem mesmo o mais inteligente deles seria capaz de construir um foguete do qual saiu um robô programado para percorrer a superfície de Marte tirando fotos para os cientistas na Terra poderem estudar. O homem realizou coisas incríveis: pense em Galileu, Leonardo da Vinci, Lineu, Darwin e Newton com sua maçã. Pense nas pirâmides, em algumas das mais maravilhosas obras arquitetônicas, em nossa arte e em nossa música.

Jane fez uma pausa e comecei a pensar em todas as pessoas brilhantes que criaram teorias e ergueram construções magníficas sem nenhuma das ferramentas sofisticadas de que dispomos hoje. Tampouco tinham acesso ao conhecimento que vem sendo acumulado há séculos. Jane interrompeu meus pensamentos.

– Sabia, Doug, que sempre que vejo a lua cheia no céu sinto a mesma admiração e o mesmo espanto que senti naquele dia histórico em 1969, quando Neil Armstrong se tornou o primeiro homem a pisar na Lua, seguido por Buzz Aldrin? Penso comigo mesma: "Um ser humano pisou lá de verdade. Uau!" Quando faço palestras, sempre digo às pessoas para nunca deixarem de se encantar ao olharem a lua, e para não acharem que é algo sem importância. – E continuou: – Então, sim, eu sinceramente acho que foi a explosão do intelecto humano que fez com que nós, uma espécie de macacos relativamente rara e sem nada de excepcional, nos transformássemos nos autointitulados mestres do mundo.

– Mas, se somos tão mais inteligentes do que os outros animais, como podemos agir com tanta estupidez? – perguntei.

– Ah! Por isso falei "intelecto", não "inteligência". Um animal *inteligente* não destruiria a sua única casa, o que temos feito há tempos. É claro que algumas pessoas são, de fato, extremamente inteligentes, mas muitas não são. Nós nos chamamos de *Homo sapiens*, ou "homem sábio", mas, infelizmente, não existe muita sabedoria no mundo de hoje.

– Mas somos espertos e criativos?

– Sim, somos muito espertos e bastante criativos. E, assim como todos os primatas e muitos outros animais, somos muito curiosos. E nossa curiosidade, combinada ao nosso intelecto, levou a muitas descobertas em diversos campos do conhecimento, porque gostamos de entender como e por que as coisas funcionam de determinada maneira, sempre ampliando nosso entendimento.

– O que você acha que fez a diferença? Por que o cérebro humano se desenvolveu além do cérebro dos chimpan...?

– Linguagem – respondeu Jane, antes mesmo de eu terminar a pergunta. – Em algum momento de nossa evolução, desenvolvemos a habilidade de nos comunicar usando palavras. Nosso domínio da linguagem nos permitiu ensinar coisas para além do momento presente. Conseguimos transmitir o conhecimento adquirido a partir dos sucessos e fracassos do passado e planejar a longo prazo. E, o mais importante, reunir pessoas para discutir problemas, pessoas com experiências e conhecimentos diferentes.

Fiquei intrigado ao descobrir que Jane achava que a linguagem havia levado à expansão do intelecto humano. Isso porque, enquanto eu pesquisava sobre a esperança, descobri que a linguagem, o planejamento de metas e a *esperança* parecem se originar na mesma região do cérebro – o córtex pré-frontal, localizado logo atrás da nossa testa, a parte do nosso cérebro que evoluiu mais recentemente. Essa região é maior em humanos do que nos demais primatas.

Conversamos um pouco sobre tudo que o ser humano realizou, desde a invenção de máquinas que nos permitem voar e viajar sob o oceano até as tecnologias que nos possibilitam conversar quase instantaneamente com pessoas do outro lado do mundo.

– É muito estranho que esse intelecto humano impressionante também nos tenha levado à crise em que nos encontramos, não é? Esse mesmo intelecto criou um mundo em desequilíbrio. É possível argumentar que o intelecto humano foi o maior erro evolucionário. Um erro que agora ameaça toda a vida do planeta.

Jane concordou.

– Sim, com certeza fizemos muitas bobagens. Mas foi *a maneira como utilizamos esse intelecto* que causou a crise, não o intelecto propriamente dito. É uma mistura de ganância, ódio, medo e desejo pelo poder que nos leva a utilizar o intelecto de maneira equivocada. A boa notícia é que um intelecto capaz de criar armas químicas e inteligência artificial com certeza também consegue inventar maneiras de curar o mal que fizemos a esse pobre planeta. E, de fato, agora que estamos cada vez mais cientes do mal que causamos, começamos a utilizar nossa criatividade para essa cura. Já existem soluções inovadoras, como energia renovável, agricultura regenerativa e permacultura, uma dieta mais baseada em plantas e muitas outras alternativas cujo objetivo é inventar novas maneiras de fazer as coisas. E, como indivíduos, estamos admitindo que precisamos diminuir nossa pegada ecológica e pensando em formas de fazer isso.

– Então, nosso intelecto em si não é mau ou bom, mas depende da maneira que nós decidimos usá-lo, se para melhorar o mundo ou para destruí-lo?

– Sim, é aí que o nosso intelecto e o uso da linguagem nos diferenciam dos outros animais. Somos, ao mesmo tempo, melhores e piores, porque temos a capacidade de escolher. Somos metade santo, metade pecador.

Metade santo, metade pecador

– E, no fim, quem ganha: o bem ou o mal? – perguntei. – Somos 51% bons ou 51% ruins?

– Existem muitas evidências para apoiar os dois lados do debate, mas acho que somos meio a meio. Os seres humanos são incrivelmente adaptáveis e fazem o que for necessário para sobreviver em seu meio ambiente. O meio ambiente que criamos determinará o que vai prevalecer. Em outras palavras, aquilo que nutrimos e encorajamos é o que vence.

É estranho quando o mundo parece virar de cabeça para baixo. Eu estava tendo essa experiência, vendo o mundo de um jeito novo.

O que eu chamava de bem e mal eram apenas qualidades como bondade e crueldade, generosidade e egoísmo, carinho e agressão, que desenvolvemos para sobreviver em diferentes ambientes e sob circunstâncias diversas. E, como Jane tinha dito, faremos o que for necessário para sobreviver. Se vivemos em uma sociedade com um padrão de vida razoável e um bom nível de justiça social, os elementos de paz e generosidade presentes na nossa natureza têm maior probabilidade de prevalecer. Já em uma sociedade em que a discriminação racial e a injustiça econômica são a regra, a violência vai imperar.

Disse isso a Jane.

– Bom, acho que é verdade na maioria das vezes. É só pensar no genocídio que aconteceu em Ruanda e Burundi, onde habitam as etnias tutsi e hutu. A ajuda internacional chegou a Ruanda por causa da visita do ex-presidente Bill Clinton. Mas Burundi foi praticamente ignorado. O resultado disso é que Ruanda conseguiu incrementar sua infraestrutura com estradas e hospitais, negócios internacionais se estabeleceram no país e lá tutsis e hutus parecem viver em paz. Já em Burundi, nada disso aconteceu, e ainda existem conflitos sangrentos. No entanto, temos que pensar que uma sociedade é feita de pessoas, e sempre existem aquelas que buscam mudanças. Muitos cidadãos de Burundi desejam criar uma sociedade mais pacífica. As sociedades apenas *parecem* estáveis quando são regidas por um governo autocrático. Pense nos conflitos étnicos que eclodiram após o fim da União Soviética.

– Você acha que somos capazes de criar uma sociedade pacífica e harmoniosa? E quanto às nossas tendências violentas?

Jane balançou a cabeça.

– O comportamento violento provavelmente faz parte da genética herdada dos nossos ancestrais hominídeos. Leakey me enviou a Gombe por acreditar que os seres humanos e os chimpanzés tiveram um ancestral em comum há cerca de 5 ou 7 milhões de anos. Se eu identificasse um comportamento similar – ou igual – nos chimpanzés modernos e no homem moderno, esse comportamento provavelmente teria se originado no ancestral símio e permanecido conosco durante nossos caminhos evolutivos individuais. Isso daria a Leakey uma ideia de como os primeiros humanos – cujos fósseis ele havia descoberto em diversas partes da África – teriam se comportado. Eu me refiro a coisas como beijar e abraçar, ao convívio de indivíduos da mesma família e, o que é relevante à pergunta que você me fez, aos padrões de comportamento agressivo muito semelhantes, inclusive um tipo de guerra entre grupos vizinhos.

Eu me lembro de Jane ter me contado que fora instruída a minimizar o comportamento agressivo dos chimpanzés porque naquela época, meados dos anos 1970, muitos cientistas estavam tentando convencer as pessoas de que os comportamentos agressivos eram aprendidos – a controvérsia natureza *versus* criação.

– Felizmente, em razão do nosso extraordinário intelecto e da nossa capacidade de nos comunicarmos com palavras, conseguimos progredir além das respostas agressivas puramente emocionais dos outros animais. Além disso, como já falei, temos a habilidade de fazer escolhas conscientes sobre como agir em diferentes situações. Nossas escolhas refletirão parcialmente aquilo que aprendemos quando crianças, e isso dependerá do país e da cultura em que nascemos. Suspeito que todas as crianças pequenas, quando irritadas, tendem a agredir o que as irritou. Minha irmã, Judy, e eu fomos ensinadas que é errado bater, chutar e morder outras crianças. Dessa maneira, adquirimos um entendimento dos valores morais da nossa sociedade: isso é bom, aquilo é ruim; isso é certo, aquilo é errado. O errado e o ruim recebiam punição verbal, e o bom e o certo eram premiados.

– Então as crianças aprendem os valores morais da sociedade em que crescem.

– Exato, e isso faz com que a agressão humana seja pior do que a de outras espécies, porque temos a habilidade de agir de modo agressivo sabendo muito bem que é um comportamento moralmente errado – ou, pelo menos, que acreditamos ser moralmente errado. Por esse motivo, acredito que apenas os seres humanos são capazes de planejar e cometer atos realmente cruéis: somente nós podemos nos sentar e, friamente, desenvolver métodos para torturar e machucar outras pessoas.

Eu sabia que esse era um tópico que assombrava Jane. Ela fora criada na Inglaterra enquanto o Holocausto acontecia na Europa ocupada pela Alemanha, e descobrir aqueles horrores foi um choque. Ela estava em Gombe quando houve os genocídios em Ruanda e Burundi – países que ficam logo ao norte. Algumas pessoas que moravam próximo à fronteira entre a Tanzânia e Burundi disseram ter visto o sangue dos burundianos assassinados no lago, e muitos refugiados de Burundi se assentaram nas colinas em Gombe. Ela ouviu histórias sobre a barbárie da qual eles estavam fugindo.

Jane também estava em Gombe quando um grupo armado da República Democrática do Congo sequestrou quatro alunos seus no meio da noite. Muito tempo depois, ela estava em Kinshasa, capital daquele país, quando uma revolta explodiu na rua da casa onde estava hospedada e um soldado foi morto diante de sua janela. Ela estava em Nova York no Onze de Setembro, quando terroristas pilotando aviões atingiram as Torres Gêmeas.

Havia encarado o mal de frente: conhecia muito bem o lado sombrio da nossa natureza. Mas Jane é Jane, sempre rápida em buscar uma perspectiva mais ampla. Como se estivesse conversando com seus próprios pensamentos terríveis, ela disse:

– Ainda assim, mesmo que exista muita violência e muito mal no mundo, sob uma perspectiva histórica é possível ver muitas mudanças para o bem. Pense nisto: estamos na Holanda. Há menos de cem anos, esta terra ficou encharcada de sangue durante a Segunda Guerra Mundial, quando os ingleses lutaram contra os alemães. Recentemente, estive com alguns amigos alemães e falei: "Não é estranho estarmos aqui – e sermos ótimos amigos – depois de nossos pais terem se matado?" Agora temos a União Europeia. Todos aqueles países que passaram centenas de anos lutando entre si estão unidos em prol de um bem comum. É um sinal gigantesco de esperança. Sim, tivemos o Brexit, que é um passo atrás, mas é muito improvável que haja uma guerra entre os países da União Europeia.

A esperança de Jane com relação à história humana e à nossa crescente habilidade de prevenir guerras em grande escala me encheu de inspiração. Ainda assim, arrisquei:

– Mas você não está preocupada com o fato de que líderes autoritários estão surgindo em diversas partes do mundo neste momento? E também com todos os conflitos internos, com o aumento do nacionalismo? Até mesmo o fascismo está ganhando força: os neonazistas estão se fortalecendo nos Estados Unidos e, por incrível que pareça, na Alemanha. Além disso, existem tantos conflitos acontecendo ao redor do mundo, tanta violência – tiroteios em escolas, guerra entre gangues, violência doméstica, racismo e machismo. Como nutrir esperança pelo futuro?

– Bem, para começar, levando em consideração os últimos 2 milhões de anos, em que nos convertemos em seres humanos, realmente acredito que nos tornamos cada vez mais cuidadosos e compassivos. E, embora haja tanta crueldade e injustiça em toda parte, é unânime que esses comportamentos são considerados errados. E mais pessoas entendem o que está acontecendo ao redor do mundo graças à mídia. No fim das contas, acredito que a grande maioria das pessoas é boa e decente. E tem mais uma coisa, Doug. Assim como somente nossa espécie é capaz de cometer atos de crueldade, acho que somente nós somos capazes de atos de verdadeiro altruísmo.

Um novo código moral universal

Jane continuou:

– Um chimpanzé tentará ajudar outro chimpanzé em perigo, mas acho que apenas nós podemos realizar atos altruístas mesmo sabendo que poderemos nos prejudicar. Somente nós podemos decidir ajudar alguém mesmo que haja risco. Ajudar alguém mesmo que seu intelecto saiba dos perigos que você está correndo é um verdadeiro ato altruísta. Pense nos alemães que ajudaram os judeus a escaparem da Alemanha nazista, chegando até a escondê-los em casa. Eles sabiam que seriam mortos se fossem pegos, e muitos realmente foram.

Sobre isso eu tinha uma pergunta.

– Uma teoria chamada sociobiologia, muito popular nos anos 1970, explica que o altruísmo é meramente uma maneira de assegurar a sobrevivência de nossos próprios genes. Assim, se você morre ajudando pessoas da sua família, tudo bem, pois os seus genes sobreviverão nas gerações futuras. Mas lembro que você não concorda com isso, não é?

– Embora seja verdade, a pesquisa se baseou em comportamentos de cooperação entre insetos sociais. Já nós, seres humanos, ajudamos não apenas pessoas da nossa família, mas outros do nosso grupo. Também ajudamos indivíduos com os quais não temos qualquer relação. Quando ficou claro que os animais também ajudam outros animais que não fazem parte da sua família, a próxima teoria que surgiu propunha que o comportamento era um altruísmo recíproco: você ajuda alguém na esperança de que um dia ele o ajudará de volta. Embora essa teoria possa explicar a origem evolucionária do comportamento altruísta, nosso intelecto e nossa imaginação parecem nos permitir sermos altruístas de uma maneira mais inclusiva. Nós, humanos, ajudamos o outro mesmo que isso não traga nenhum impacto positivo óbvio para a nossa vida. Quando vemos uma foto de crianças passando fome, conseguimos imaginar como elas se sentem e queremos ajudar. A foto nos desperta compaixão e empatia. E a maioria das pessoas se sente dessa maneira mesmo quando aqueles de quem se compadecem são de uma cultura diferente. Fotos, ou mesmo descrições, de refugiados de guerra agrupados em tendas no inverno, mal aquecidos por cobertores finos, ou vítimas de terremotos que estão desabrigadas e passando fome geram uma reação visceral. Dói, psicologicamente falando. E não importa se são europeus, africanos ou asiáticos, jovens ou velhos. Eu me lembro de ter soluçado de tanto chorar da primeira vez que li *A cabana do Pai Tomás*. Como odiei o cruel dono de escravizados e todos os que causaram esse tipo de dor e sofrimento. Assim como odiei os alemães nazistas durante a guerra.

Após uma pausa, Jane me disse que foi apenas naquele momento, falando comigo em uma cabana em um bosque holandês, que ela subitamente entendeu como a compaixão pelas vítimas de opressão pode causar ódio ao opressor – e está pronta a receita para a reciprocidade de violência e para a guerra de extermínio, como em Ruanda e Burundi.

– Você quer dizer que precisamos encontrar uma maneira de perdoar o opressor? – perguntei, descrente dessa habilidade.

– Sim, acho que precisamos fazê-lo. Precisamos pensar na maneira como eles foram criados, no código de ética que lhes foi ensinado quando crianças.

Mencionei como o arcebispo Tutu havia presidido a Comissão da Verdade e Reconciliação na África do Sul para evitar que seu país entrasse em guerra civil. Ele disse que o perdão é a forma de nos libertarmos do passado. Escolhemos o ciclo do perdão em vez do ciclo da vingança.

– Isso mostra a importância da linguagem – continuou Jane, de repente mais animada. – Com ela, podemos discutir esses problemas. Podemos ensinar às nossas crianças a importância de olhar para um problema a partir de diferentes pontos de vista. De manter a mente aberta. De escolher o perdão em vez da vingança.

Estava anoitecendo. Tentei decifrar a expressão no rosto de Jane, porém ela estava obscurecida pela luz fraca. Senti que Jane estava me guiando passo a passo em direção a um entendimento mais profundo de como podemos encontrar um caminho melhor – embora eu estivesse um pouco cético sobre a existência de uma solução fácil. Perguntei:

– Então, o que precisa acontecer? Como evoluímos para nos tornarmos criaturas melhores, mais pacíficas e mais compassivas?

Jane serviu uma dose de uísque enquanto considerava minha pergunta.

– Precisamos de um novo código moral *universal*. – Ela riu. – Estava aqui pensando que todas as grandes religiões falam da boca para fora sobre a Regra de Ouro, segundo a qual *cada um deve tratar os outros como gostaria de ser tratado*. Então é fácil: esse é o nosso código moral universal. Só precisamos encontrar uma maneira de convencer as pessoas a honrá-lo! – Então ela suspirou. – Parece impossível diante de todos os nossos defeitos. Ganância. Egoísmo. Desejo de poder e riqueza.

– Sim – falei, acrescentando ironicamente: – Afinal, somos apenas humanos!

Jane tomou um gole de uísque, riu e disse:

– Sinceramente, acho que estamos caminhando na direção correta. Acho que estamos nos importando mais uns com os outros. Acredito que a maioria das pessoas está. Infelizmente, a mídia passa tempo demais explorando todas as coisas ruins que estão acontecendo e não mostra o suficiente das coisas boas e da bondade que existem no mundo. Pense sob uma perspectiva histórica. Não faz muito tempo que as mulheres e as crianças, na Inglaterra, eram obrigadas a trabalhar nas minas, em condições terríveis. As crianças ficavam descalças na neve. A escravidão era aceita e justificada em muitas partes dos Estados Unidos – e da Grã-Bretanha também. É verdade que ainda existem muitas crianças vivendo na pobreza e ainda há escravidão em diversas partes do mundo, assim como discriminação racial e de gênero, salários injustos e muitos outros problemas sociais. Mas há cada vez mais pessoas acreditando que tais coisas não são moralmente aceitáveis, e muitos grupos trabalham duro para combater essas e outras questões. O regime do apartheid na África do Sul acabou. A subjugação das colônias inglesas terminou com o colapso do Império Britânico. Gradualmente, a atitude com relação às mulheres está mudando em muitos países. Outro dia fiquei impressionada quando vi quantas mulheres haviam conseguido cargos importantes nos governos ao redor do mundo. E existem tantos advogados lutando contra a injustiça, denunciando atos contra os direitos humanos; e, em cada vez mais países, advogados e grupos de interesse especial também lutam pelos direitos dos animais.

Pensei sobre isso. De fato, tudo que Jane citou representava um passo em direção a uma melhor ética global. Mas não pude deixar de pensar nos recuos dos últimos anos e no quanto ainda temos que caminhar. Compartilhei meus pensamentos com ela, mencionando a maneira horrenda como as crianças imigrantes estavam sendo separadas dos pais na fronteira entre o México e os Estados Unidos, sendo colocadas em celas que mais pareciam jaulas e enviadas a "escolas" no meio do deserto. Citei também o crescimento do número de pessoas em situação de rua e daquelas que vão dormir com fome.

– E já mencionamos o preocupante aumento do nacionalismo – falei.

– Sim, eu sei – disse Jane. – E acontece o mesmo no Reino Unido e em muitos outros países. É realmente deprimente.

– Acho que foi isso que o ex-presidente Barack Obama quis dizer em seu famoso depoimento sobre a história se mover em zigue-zague, não em linha reta.

– É muito fácil sentir que estamos ziguezagueando para trás – disse Jane. – Mas é importante pensarmos nos protestos que resultaram em mudanças e nas campanhas que atingiram os objetivos. Graças à internet...

Eu já ia interromper Jane, mas ela começou a rir.

– Sim, eu sei muito bem do lado ruim dessa tecnologia, especialmente das *fake news*! Mas, assim como nosso intelecto, a mídia social em si não é boa nem ruim, depende de como a utilizamos.

Certa vez, perguntei ao arcebispo Tutu, cuja luta contra o apartheid dobrou o arco da história em direção à justiça na África do Sul, o que ele pensava sobre o progresso humano. Foi logo após os ataques em Paris, e muitas pessoas estavam perdendo a esperança na humanidade. Ele disse que a história dá dois passos à frente e um passo atrás. Quase um mês depois, o mundo se reuniu para ratificar o Acordo de Paris. E jamais me esquecerei de outra coisa que ele disse: "Leva tempo para que nos tornemos completamente humanos." Talvez ele quisesse dizer que leva tempo para evoluirmos moralmente.

Jane pensou um pouco a respeito, então continuou:

– Acho que talvez leve muito tempo em nossa evolução para percebermos que só conseguiremos atingir plenamente nosso potencial humano se nossa cabeça e nosso coração trabalharem juntos. Foi o gênio Lineu que deu à nossa espécie o nome de *Homo sapiens*, homem *sábio*...

– Certamente, não estamos fazendo justiça ao nosso nome – interrompi. – Você já disse que somos intelectualmente inteligentes, mas não sábios. Então, o que é sabedoria para você?

O macaco sábio?

Jane ficou pensativa por um momento, organizando as ideias.

– Acho que a sabedoria requer a utilização de nosso poderoso intelecto para reconhecer as consequências de nossas ações e pensar no bem-estar de todos. Infelizmente, Doug, perdemos a perspectiva a longo prazo e estamos sofrendo de uma crença absurda e muito insensata de que é possível haver desenvolvimento econômico ilimitado em um planeta com recursos naturais limitados, concentrando-nos em resultados a curto prazo ou lucro à custa dos interesses a longo prazo. E se continuarmos dessa maneira... não quero nem pensar no que vai acontecer. Esse definitivamente não é o comportamento de um "macaco sábio".

Ela tomou fôlego e prosseguiu:

– Ao tomar uma decisão, a maioria das pessoas se pergunta: "Isso vai ser benéfico para mim e para minha família, ou para a próxima reunião com os acionistas, ou para a minha próxima campanha eleitoral?" A pergunta mais importante seria: "Quais efeitos a decisão que estou tomando hoje terá para as gerações futuras? Ou para a saúde do planeta?" É o mesmo tipo de falta de sabedoria demonstrado por aqueles que, do alto de sua posição de poder, oprimem certas camadas da sociedade. Quer dizer, nos Estados Unidos e na Inglaterra, é vergonhosa a maneira como determinadas camadas da sociedade são deliberadamente privadas de educação e serviços sociais. Então chega o momento em que a raiva e o ressentimento finalmente explodem e elas exigem mudanças. Querem melhores salários, melhores serviços de saúde e melhores escolas. Isso pode gerar violência e mortes. Pense na Revolução Francesa. E também na Guerra Civil Americana, que foi resultado da luta das pessoas para pôr um fim à escravidão. Bom, eu e você conhecemos diversos relatos de pessoas revoltadas que se uniram ao longo da história, usando de violência para derrubar estruturas sociais e políticas opressivas.

Pensei no custo da nossa falta de sabedoria e em nossas tentativas de nos curarmos do mal causado pelos nossos erros. Perguntei a Jane se algum dia usaremos nosso intelecto da maneira correta.

– Bem, não acredito que haverá um momento em que *todo mundo* vai utilizá-lo da maneira correta. Sempre haverá pecadores! Mas, como costumo dizer, mais e mais pessoas estão lutando por justiça, e acho que a maioria tem o mesmo entendimento sobre o que a justiça significa.

Acendemos algumas luzes, pois já estava completamente escuro lá fora e o fogo estava quase se apagando na lareira. Já havíamos terminado nosso uísque, mas ainda tínhamos uma charada a resolver. Como utilizar esse maravilhoso intelecto de maneira sábia? Fiz essa pergunta a Jane.

– Se quisermos realmente fazer isso, e eu já disse que acho que o coração e o cérebro devem trabalhar juntos, este é o momento de demonstrar que é possível fazê-lo. Se não agirmos com sabedoria *agora* para aplacar o aquecimento do nosso planeta e a perda de espécies animais e vegetais, pode ser tarde demais. Precisamos trabalhar juntos e eliminar essas ameaças à existência de vida na Terra. E, para fazer isso, precisamos solucionar quatro grandes desafios. Conheço esses desafios muito bem, pois sempre falo deles em minhas palestras.

Então ela os enumerou:

– Primeiro: precisamos diminuir a pobreza. Se você está vivendo em condições de pobreza extrema, cortará até a última árvore para plantar comida. Ou pescará até o último peixe, porque está desesperado para alimentar sua família. Em uma área urbana, vai comprar a comida mais barata – não pode se dar ao luxo de escolher um produto produzido de maneira ética. Segundo, precisamos reduzir o estilo de vida insustentável dos mais afluentes. Vamos ser sinceros, muitas pessoas têm muito mais coisas do que precisam, ou mesmo querem.

"Terceiro, precisamos eliminar a corrupção, pois sem uma boa governança e lideranças honestas não poderemos trabalhar juntos para resolver nossos desafios sociais e ambientais.

E, finalmente, precisamos encarar os problemas causados pelas populações crescentes de seres humanos e seus rebanhos. Hoje somos cerca de 8 bilhões, e em muitos lugares já utilizamos os recursos limitados da natureza mais rapidamente do que ela é capaz de repô-los. Até 2050, talvez sejamos 10 bilhões. Se continuarmos com esse estilo de vida, será o fim da vida no planeta como a conhecemos."

– Esses desafios são assustadores – falei.

– Sim, de fato, mas não são intransponíveis se usarmos nosso intelecto humano, assim como o bom senso, para resolvê-los. E, como eu disse antes, estamos começando a fazer progresso. É claro, grande parte do nosso assalto à Mãe Natureza não se deve à falta de inteligência, mas a uma falta de compaixão pelas gerações futuras e pela saúde do planeta: pura ganância egoísta visando a ganhos em curto prazo para aumentar a riqueza e o poder de indivíduos, corporações e governos. O restante se deve ao descuido, à falta de educação e à pobreza. Em outras palavras, parece haver um descompasso entre nosso cérebro inteligente e nosso coração compassivo. A verdadeira sabedoria requer tanto pensar com nosso cérebro quanto entender com nosso coração.

– Parte da sabedoria se perde quando perdemos a conexão com a natureza? – perguntei.

– Acredito que sim. As culturas indígenas sempre tiveram uma conexão forte com a natureza. Existem tantos xamãs e curandeiros sábios entre os povos indígenas, tanto conhecimento sobre os benefícios de se viver em harmonia com a natureza...

– O que esquecemos... ou escolhemos ignorar?

– Que existe inteligência em toda forma de vida. Acho que os povos indígenas sentem isso quando falam sobre os animais e as árvores serem seus irmãos e suas irmãs. Gosto de pensar que nosso intelecto é parte da inteligência que levou à criação do universo. Veja as árvores! Agora sabemos que elas transmitem informações

Estamos aprendendo coisas impressionantes sobre as árvores, como elas se comunicam sob o solo e até ajudam umas às outras. (JANE GOODALL INSTITUTE/CHASE PICKERING)

umas às outras por intermédio de redes subterrâneas de raízes e de finas linhas brancas de fungos micorrízicos ligados a elas.

Eu estava familiarizado com o trabalho de Suzanne Simard, uma das ecologistas que fizeram essa descoberta fantástica. Ela chamou essa rede de Internet das Florestas, porque todas as árvores de uma floresta estão conectadas sob a terra. E é por meio dessa rede que as árvores podem receber informações sobre seu parentesco, sua saúde e suas necessidades.

Jane e eu discutimos um pouco essa pesquisa animadora e ela me falou sobre o engenheiro florestal alemão Peter Wohlleben, que também está educando o mundo sobre os segredos das árvores.

– Tanto Peter quanto Suzanne começaram como silvicultores, administrando florestas para que elas pudessem ser exploradas da maneira mais lucrativa possível. Peter abandonou seu emprego após quinze anos, quando descobriu que uma floresta que ele amava estava indo muito bem sozinha, sem praticamente nenhum gerenciamento. Então ele decidiu se dedicar à proteção e ao entendimento da floresta, e escreveu um livro: *A vida secreta das árvores*. E, sinceramente, acredito que esse livro fez pelas árvores o que *In The Shadow of Man* [À sombra do homem] fez pelos chimpanzés.

– Sim, e Suzanne escreveu um livro chamado *A árvore-mãe: Em busca da sabedoria da floresta*, que está tendo impacto similar.

Jane olhou para fora, para os galhos de uma árvore próxima à janela, levemente iluminada pela luz da nossa cabana. Perguntei em que ela estava pensando.

– Estou fascinada por este mundo incrível em que vivemos. E a verdade é que o estamos destruindo antes mesmo de termos terminado de aprender sobre ele. Achamos que somos mais espertos do que a natureza, mas não somos. O intelecto humano é impressionante, mas precisamos ter humildade e reconhecer que existe uma inteligência superior na natureza.

– Você tem esperança de que encontremos nosso caminho de volta à sabedoria da natureza?

– Sim, tenho. Mas saliento novamente que, sem o trabalho conjunto do coração e da mente, sem inteligência e compaixão, o futuro será impiedoso. Mas a esperança é fundamental, pois, sem ela, nos tornaremos apáticos e continuaremos a destruir o futuro de nossos filhos.

– Será que realmente temos a capacidade de consertar o que destruímos?

– Precisamos conseguir! – exclamou ela, veementemente. – Já começamos a fazê-lo, e a natureza está a postos, esperando para entrar em jogo e ajudar a curar a si mesma. A natureza é imensamente extraordinária e resiliente. E, lembre-se, é muito mais inteligente do que nós!

Essa foi a transição perfeita para a segunda razão de Jane para termos esperança.

RAZÃO Nº 2:
A resiliência da natureza

– Vamos dar uma caminhada – sugeriu Jane na manhã seguinte. Vestimos nossos casacos e fomos lá para fora, o ar gélido do vento norte nos saudando, soprando por entre as árvores da reserva.
– Podemos preparar alguma coisa quentinha quando voltarmos – me incentivou ela antes de fechar a porta. – É bom caminhar pelo menos uma vez por dia, embora eu não goste muito de caminhar sem a companhia de um cachorro.
– Por que não?
– O cachorro dá um propósito à caminhada.
Pedi a ela que explicasse melhor.
– Bem, você está fazendo outro ser feliz – disse Jane.
Lembrei-me do cachorro resgatado que vi na casa dela, na Tanzânia, e de como ela parecia mais feliz do que nunca quando estava cercada por criaturas grandes e pequenas.
A caminhada ao redor do lago nos proporcionou uma linda vista, e Jane serviu de guia, apontando os locais que visitara no dia anterior. As árvores haviam perdido praticamente todas as folhas e a terra estava adormecida pelo inverno.
Depois de caminharmos por cerca de trinta minutos, o sol surgiu entre as nuvens, iluminando uma enorme árvore à distância.
– Vamos caminhar até aquela árvore sob o sol e depois voltamos – disse Jane.
Eu estava feliz por caminhar até um ponto com sol. As árvores

pendiam para o lado após muitos anos sendo chicoteadas pelo vento forte.

Quando chegamos, Jane pousou a mão no caule coberto de musgo de um majestoso carvalho.

– Aqui está a árvore que eu queria vir cumprimentar. Oi, árvore – falou.

A árvore nos protegeu do vento enquanto o sol banhava nosso rosto.

– É linda – falei, tocando o musgo esponjoso que Jane acariciava carinhosamente.

Ela me disse que, quando era criança, se afeiçoara a uma faia de seu jardim. Costumava subir na árvore e ler seus livros com histórias do Dr. Dolittle e do Tarzan, desaparecendo por horas a fio no abraço das folhas e sentindo-se mais próxima dos pássaros e do céu.

– Você deu algum nome àquela árvore?

– Somente Faia. Eu a amava tanto que convenci minha avó Danny a me dar a árvore de presente no meu aniversário de 14 anos e até esbocei um testamento para ela assinar, legando Faia para mim. Eu usava um cesto e um fio longo para levar meus livros lá para cima, e às vezes até fazia meu dever de casa lá. Sonhava em viver entre os animais na natureza.

– Eu sei que o seu trabalho se concentrou principalmente no estudo dos animais, mas que você também aprendeu bastante sobre as plantas quando estava pesquisando para o seu outro livro, *Seeds of Hope* [Sementes da esperança].

– Sim, e amei a experiência. Como é fascinante o reino vegetal. E quando paramos para pensar, sem a flora não haveria fauna, não é? Não haveria seres humanos. No fim das contas, toda a vida animal depende das plantas. É a tapeçaria incrível da vida, onde cada costura se mantém no lugar amparada pelas que a rodeiam. E ainda temos tanto a aprender... Ainda somos como bebês, engatinhando no caminho do entendimento da natureza. Nem começamos a entender a miríade de formas de vida no solo sob os nossos pés. Pense: as raízes desta árvore estão lá longe, sabem inúmeras coisas que não sabemos e levam esses segredos para os galhos acima de nós.

Enquanto Jane olhava a árvore do solo até o topo, tentei imaginá-la subindo em Faia, embalada pelo vento. Também me lembrei de como suas mãos haviam dançado na Tanzânia, descrevendo o voo dos estorninhos, e de como ela havia dito que um naturalista precisava ter empatia, intuição e até mesmo amor. Eu queria saber o que ela havia encontrado nos mistérios profundos da natureza e por que o que descobriu lhe trouxe a paz e a esperança no futuro que eu desejava desesperadamente encontrar também.

– Jane, você disse que a resiliência da natureza lhe dá esperança. Por quê?

Jane sorriu enquanto observava a gigantesca árvore diante de nós. Sua mão ainda repousava sobre o antigo caule coberto de musgo.

– Acho que a melhor maneira de responder à sua pergunta é contando uma história.

Eu já havia percebido que Jane frequentemente responde perguntas contando histórias, e fiz um comentário sobre isso.

– Sim. Aprendi que as histórias chegam ao coração muito melhor do que fatos ou estatísticas. As pessoas se lembram da mensagem de uma história bem contada mesmo que não se lembrem de todos os detalhes. De qualquer maneira, quero responder à sua pergunta com uma história que começou naquele dia terrível em 2001: o Onze de Setembro, o dia do colapso das Torres Gêmeas. Eu estava em Nova York quando o mundo mudou para sempre. Ainda consigo me lembrar do medo, do espanto e da confusão quando a cidade silenciou, exceto pelo barulho das sirenes dos carros de polícia e das ambulâncias nas ruas desertas.

A Árvore Sobrevivente sendo resgatada do Marco Zero, bastante machucada. A mulher com capacete de segurança é Rebecca Clough, a primeira a perceber que a árvore ainda estava viva. Ela se destacou entre as muitas pessoas dedicadas que exerceram um papel fundamental no resgate e na sobrevivência da árvore.
(MICHAEL BROWNE)

Jane continuou sua história:
– Eu me lembrei daquele dia brutal, quando aqueles dois pilares do mundo moderno desabaram. Por ter crescido em Nova York, senti os ataques de maneira profunda e pessoal. Todos tinham amigos ou familiares que estavam nas torres ou próximos a elas quando o ataque aconteceu. Pensei na enorme cratera do Marco Zero, na destruição, no horror de tudo aquilo. Cerca de dez anos após aquele dia terrível, fui apresentada à Árvore Sobrevivente, uma pereira, que foi descoberta esmagada entre dois blocos de concreto por uma funcionária da equipe que estava limpando os escombros um mês depois do ataque às torres. Tudo que tinha restado eram metade do caule e raízes queimadas. Havia apenas um galho vivo. A árvore quase foi enviada ao aterro sanitário, mas a jovem que a encontrou, Rebecca Clough, implorou para que dessem uma chance à pereira. Assim, a árvore foi enviada a um centro de jardinagem no Bronx. Devolver a saúde àquela árvore praticamente destruída não foi nada fácil, e, por algum tempo, parecia que ela não iria resistir. Mas acabou se recuperando. Assim que ficou saudável o bastante, foi plantada no que hoje é o Memorial e Museu do Onze de Setembro. Durante a prima-

vera, seus galhos se enchem de flores. Agora todos conhecem a sua história. Já presenciei algumas pessoas indo às lágrimas ao olharem para a árvore. Ela é um verdadeiro símbolo de resiliência da natureza, um lembrete de tudo que foi perdido naquele dia terrível, há vinte anos.

Jane e eu permanecemos em silêncio por alguns minutos, refletindo. Depois, ela recomeçou a falar:

– Há mais uma história sobre uma árvore sobrevivente que é, de certa maneira, ainda mais dramática. Em 1990, visitei Nagasaki, a cidade que sofreu o impacto da segunda bomba atômica no fim da Segunda Guerra Mundial. Meus anfitriões me mostraram fotos da terrível e completa devastação da cidade. A bola de fogo produzida pela explosão nuclear atingiu temperaturas equivalentes às do Sol: milhões de graus. Parecia uma paisagem lunar, ou como eu imagino que deve ser o Inferno de

A árvore hoje em dia, crescendo no Museu e Memorial do Onze de Setembro. (9/11 MEMORIAL & MUSEUM, FOTOGRAFIA DE AMY DREHER)

Dante. Os cientistas previram que, por décadas, nada cresceria ali. Mas, inexplicavelmente, duas árvores de cânfora, de quinhentos anos, sobreviveram. Apenas a parte inferior dos caules havia resistido, e a maioria dos galhos ficou destruída. Não restava uma única folha. Entretanto, elas estavam vivas. Fui conhecer uma das sobreviventes. Ela agora é uma árvore enorme, mas seu caule grosso tem diversas rachaduras e fissuras, e dá para ver que ela é toda preta por dentro. Mas toda primavera brotam novas folhas. Muitos japoneses a consideram um monumento sagrado à paz e à sobrevivência. Orações escritas em pequenos caracteres *kanji* sobre papel de arroz são penduradas em seus galhos, em memória de todos os que morreram. Fiquei diante daquela árvore, impressionada com a devastação que nós, humanos, podemos causar e com a inacreditável resiliência da natureza.

A voz de Jane estava carregada de admiração, e pude perceber que ela estava longe, lembrando-se daquele encontro.

Fiquei tocado pelas duas histórias. Ainda assim, não entendia como as histórias dessas árvores poderiam nos ajudar a ter esperança no futuro do nosso planeta.

– Mas, me diga, o que a sobrevivência dessas árvores revela sobre a resiliência da natureza de maneira geral?

A árvore que sobreviveu à bomba atômica que devastou Nagasaki, no Japão. Os grandes machucados pretos em seu caule mostram como ela sofreu, mas ainda está viva e é considerada por muitos japoneses um ser sagrado.
(MEGHAN DEUTSCHER)

– Eu me lembro de um incêndio bem grave que aconteceu em Gombe e que se alastrou pelos vales florestais. Tudo ficou carbonizado. Mas uns dois dias depois houve uma leve chuva e toda a área ficou coberta por um tapete verde-claro. Uma nova grama começou a nascer do solo preto. Quando a temporada chuvosa começou de verdade, diversas árvores que eu tinha certeza de que estavam mortas começaram a produzir novas folhas. Uma colina renasceu das cinzas. E, é claro, vemos essa resiliência no mundo inteiro. Mas não é só a flora: a fauna também pode se regenerar. Pense nos lagartos.

Fiquei intrigado. Ela explicou:

– Alguns lagartos conseguem desprender parte da cauda para distrair os predadores, que atacam a cauda tremelicante enquanto o pequeno animal foge. Então, logo depois, uma nova cauda começa a crescer do coto que sobrou. Até mesmo a medula espinhal se regenera. As salamandras produzem novas caudas da mesma maneira, e os polvos e as estrelas-do-mar criam novos tentáculos e braços. A estrela-do-mar pode até armazenar nutrientes no pedaço partido, que a sustenta até que nasçam um novo braço e uma nova boca!

– Mas não estamos levando a natureza ao ponto do colapso? Não existe um limite em que a resiliência se torna impossível, um ponto em que o dano sofrido é irreparável? – perguntei a Jane.

Eu estava pensando nas emissões de gases do efeito estufa, que impedem que o calor do Sol se dissipe e já provocaram um aumento de 1,5ºC na temperatura ao redor do mundo. Isso, em conjunto com a destruição dos hábitats, está contribuindo para a terrível perda de biodiversidade. Um estudo de 2019, publicado pelas Nações Unidas, relata que as espécies estão entrando em extinção dezenas de milhares de vezes mais rápido do que seria natural, e que um milhão de espécies animais e vegetais poderão desaparecer já nas próximas décadas por causa da atividade humana. Já destruímos 60% dos mamíferos, das aves, dos peixes e dos répteis – os cientistas estão chamando isso de "a sexta grande extinção".

– É verdade – concordou ela. – De fato, existem várias situações em que a natureza parece ter sido levada ao limite pelo nosso comportamento destrutivo.

– E mesmo assim você ainda tem esperança na resiliência da natureza. Honestamente, os estudos e as projeções sobre o futuro do nosso planeta são tão sombrios! Será realmente possível, para a natureza, sobreviver a essa devastação causada pelos humanos?

– Na verdade, Doug, é exatamente por isso que escrever este livro é tão importante. Eu encontro muitas pessoas, incluindo aquelas que trabalharam para proteger a natureza, que perderam as esperanças. Elas veem locais que amavam serem destruídos, projetos em que trabalharam darem errado, esforços para proteger uma área selvagem serem abolidos por causa de governos e negócios que colocam o ganho a curto prazo e o lucro imediato antes da proteção da natureza para as gerações futuras. Por causa disso tudo, existem cada vez mais pessoas, de todas as idades, que se sentem ansiosas e, algumas vezes, profundamente deprimidas por causa do que sabem que está acontecendo.

– Existe um termo para isso – falei. – "Luto climático."

Luto climático

– Li um relatório da Associação Americana de Psicologia que afirmou que a crise climática pode levar as pessoas a vivenciarem diversos sentimentos, inclusive depressão, impotência, medo, fatalismo, resignação e o que agora chamam de luto climático ou ecoansiedade.

Jane sabia do que eu estava falando.

– Medo, tristeza e raiva são reações naturais ao que está acontecendo. E qualquer discussão sobre esperança seria incompleta se não admitíssemos o dano terrível que estamos causando à natureza nem falássemos da dor e do sofrimento pelos quais as pessoas estão passando diante das enormes perdas que vivenciamos.
– Você sente luto climático? – perguntei.
– Frequentemente, e talvez algumas vezes de modo mais intenso. Eu me lembro de um dia de primavera, há cerca de dez anos, quando estava com anciãos inuítes nas geleiras da Groenlândia observando a água cascateando e os icebergs se separando do bloco de gelo. Os anciãos inuítes disseram que, quando eram jovens, o gelo jamais derretia, nem mesmo no verão. E estávamos no fim do inverno. Eles choravam. Naquele momento, a realidade da mudança climática me atacou de maneira visceral. Senti meu coração se partindo ao pensar nos ursos polares, enquanto observava pedaços de gelo flutuando em um local onde os blocos deveriam estar firmes e sólidos.

O rosto de Jane ficou sério ao relembrar a experiência.

– De lá, voei para o Panamá, onde me encontrei com representantes dos povos indígenas que haviam sido removidos de suas ilhas porque o nível do mar estava aumentando em razão do derretimento do gelo e da temperatura elevada da água. Eles tiveram que sair, pois, durante a maré alta, suas casas ficavam em perigo. Essas duas experiências, tão próximas uma da outra, causaram um impacto profundo em mim.

– É um soco no estômago quando vemos os locais que amamos sendo destruídos ou sofrendo mudanças – comentei.

– Também presenciamos incêndios catastróficos se alastrarem na Austrália, na Amazônia, no oeste dos Estados Unidos e até no Círculo Polar Ártico – disse Jane. – É impossível não sentir pesar pelo dano que estamos causando e pelo sofrimento das pessoas e dos animais silvestres.

Apenas nove meses depois dessa conversa, o pior incêndio já registrado na história moderna se alastrou pela Califórnia e por outras partes do mundo. Mais de 10 mil incêndios queimaram cerca de 1,6 milhão de hectares, ou 4% de todo o estado da Califórnia. Um deles atingiu cerca de 15 quilômetros de Santa Cruz, onde moro. Somente na nossa área, aproximadamente mil famílias perderam a casa. A qualidade do ar ficou imprópria durante semanas e, em um dia particularmente apocalíptico, o céu permaneceu escuro e o sol não brilhou por causa da poluição. Caminhar pela floresta após o incêndio era como caminhar por uma paisagem lunar coberta de cinzas.

– Conversei com uma pessoa que ofereceu uma perspectiva excelente de como podemos confrontar e curar nosso luto – disse a Jane.

Falei sobre Ashlee Cunsolo, que trabalha com comunidades inuítes em Nunatsiavut, em Labrador, no Canadá, que estão sofrendo com os impactos das mudanças climáticas. Ela entrevistava as comunidades sobre tudo que eles estavam perdendo: o gelo derretendo, as temperaturas cada vez mais altas, as plantas e os animais que estavam sofrendo mudanças e todo um modo de vida que desaparecia aos poucos.

– Cunsolo ouvia relatos de desespero e tentava registrá-los em sua dissertação, quando começou a sentir uma dor que irradiava pelos braços e pelas mãos. A dor era tão severa que ela não conseguia digitar ou trabalhar. Visitou todos os médicos e especialistas, mas nenhum conseguiu diagnosticar o problema. Finalmente, ela decidiu se consultar com um dos anciãos inuítes, que lhe disse: "Você não está se libertando do seu luto. Seu corpo está impedindo você de digitar porque você está intelectualizando a dor, mas não a está sentindo. Até que consiga expurgá-la do seu corpo, ele não voltará ao normal." O ancião disse a ela que era preciso dar espaço ao luto e falar a respeito. E também deveria encontrar contentamento e admiração todos os dias.

— E o que ela fez? — perguntou Jane.

— Ela foi para a floresta. Colocou as mãos nas águas geladas de um rio e pediu à água que levasse sua dor embora. Pediu desculpa à terra pelo mal que ela e outras pessoas estavam causando. Foi um acerto de contas. Cunsolo me disse que havia conseguido encontrar contentamento e admiração na floresta e que sempre existe beleza, mesmo quando há dor e sofrimento. Ela aprendeu a não se esconder da escuridão, mas também a não se deixar se perder nela.

Jane quis saber se isso tinha ajudado.

— Depois de duas semanas chorando e deixando o pesar fluir para fora do corpo, a dor foi embora.

— Essa história é extraordinária e inspiradora. Ela me tocou profundamente — disse Jane. — Conheço muitas pessoas que foram curadas por pajés, xamãs e curandeiros. E eu mesma senti os poderes deles.

Pedi que me contasse sobre essa experiência.

— Meu primeiro amigo indígena norte-americano (nós chamamos um ao outro de irmão e irmã) é Terrance Brown, que conheço pelo seu nome karuk, Chitcus. Ele herdou da mãe o papel de curandeiro da aldeia Karuk, da Califórnia. Certa vez, eu o visitei quando estava me recuperando de uma doença desconhecida e me sentia fraca e um pouco deprimida, enquanto me esforçava para manter minha agenda de compromissos. Chitcus pegou seu cobertor, no qual embrulha seu tambor, um colar de conchas, um leque de penas de águia e uma raiz de sua planta sagrada, que eles chamam de Kish'wuf. Ele acendeu a raiz até que ela emanasse uma fumaça adocicada, colocou-a em uma concha de abalone e então, batucando suavemente, entoou uma oração de cura. Ao terminar a oração, ele espalhou a fumaça com as penas por todo o meu corpo,

Chitcus, "irmão espiritual" indígena de Jane, entoa uma oração em voz baixa. Em seguida, ele espalha a fumaça do Kish'wuf que segura na mão esquerda. (DR. ROGER MINKOW)

enquanto eu permanecia de pé e com os olhos fechados. Após esse tratamento, minha fadiga foi embora. Desde então, ele produz a fumaça do Kish'wuf e reza por mim todos os dias ao amanhecer. Ele disse que, se vê que a fumaça está subindo, sabe que estou bem. Outros dois amigos indígenas norte-americanos, Mac Hall e Forrest Kutch, também rezam por mim todas as manhãs. Não é de se espantar que eu ainda esteja cheia de saúde!

– Isso é maravilhoso! – falei.

– E acho que é uma prova do poder das conexões que estabelecemos: como aspectos da nossa cura dependem também da qualidade dos nossos relacionamentos e de como nos juntamos para ajudar uns aos outros.

De acordo com as pesquisas, o apoio de uma comunidade é essencial para manter a esperança. As palavras de Jane também me fizeram lembrar de outra parte da história de Ashlee Cunsolo.

– Logo depois de se curar, Cunsolo trabalhou com cinco comunidades inuítes para fazer um filme sobre suas perdas e seu luto. Isso fez com que o sofrimento individual viesse à tona, e mais pessoas começaram a se juntar para conversar sobre como encontrar a cura e o que fazer em seguida.

– Eles se reuniram e expressaram sua dor – disse Jane. – E isso os levou à ação.

– Sim. A história dela me ajudou a ver que encarar nosso sofrimento é essencial para combater e superar nosso desespero e nossa impotência. Os anciãos a ensinaram que o luto não deve ser evitado nem temido. E que a experiência de compartilhar a nossa dor pode ser muito restauradora.

– Concordo plenamente – disse Jane. – É muito importante confrontarmos nosso pesar e superarmos nossos sentimentos de impotência e desespero: nossa sobrevivência depende disso. E é, de fato, verdade, pelo menos para mim, que podemos encontrar a cura na natureza.

– O problema é que não há muita gente agindo. Você disse que mais pessoas estão cientes dos problemas que enfrentamos. Então, por que não há mais gente fazendo alguma coisa a respeito?

– Em grande parte, porque as pessoas estão muito abaladas com a magnitude da nossa insensatez e se sentem perdidas. Elas afundam na apatia e no desespero, perdem as esperanças e, por isso, não fazem nada. Precisamos encontrar maneiras de ajudá-las a entender que cada um de nós tem um papel a desempenhar, não importa quão pequeno ele seja. Todos os dias impactamos o planeta. E o efeito cumulativo de milhões de pequenas atitudes éticas fará a diferença. É essa a mensagem que levo ao redor do mundo.

– Mas, às vezes, você não pensa que os problemas são grandes demais e se sente impotente, ou acha que qualquer coisa que você faça é insignificante diante de obstáculos tão grandes?

– Ah, Doug. Não sou imune a tudo que está acontecendo e às vezes me deixo abater, sim. Por exemplo, quando retorno a uma área que lembro ter sido um terreno verde, com árvores e pássaros cantando, e vejo que foi completamente destruída para a construção de mais um shopping, *é claro* que fico arrasada. Mas também me sinto ultrajada e tento colocar a cabeça no lugar. Penso em todos os locais que ainda são intocados e lindos e que a luta para protegê-los deve se intensificar. E penso em todos os lugares que *já foram* salvos pela ação comunitária. São essas as histórias que as pessoas precisam ouvir. Histórias de lutas vencidas, de pessoas que conseguiram triunfar porque não desistiram. De pessoas que já se preparam para a próxima batalha quando perdem uma.

– Mas essas ações comunitárias podem vencer a grande luta? Tantas espécies estão sendo extintas, tantos hábitats destruídos, em um caminho aparentemente sem volta... Não será tarde demais para prevenirmos um colapso total da natureza?

Jane me olhou com firmeza.

– Doug, eu sinceramente acredito que podemos virar o jogo. Mas, sim, existe um porém: precisamos agir juntos agora. Temos apenas uma pequena janela de oportunidade, uma janela que está se fechando cada vez mais. Assim, cada um de nós deve fazer o possível para começar a curar os males que causamos e diminuir a perda da biodiversidade e a mudança climática. Já tive algum contato com milhares de campanhas de sucesso e já conheci muitas pessoas maravilhosas. E compartilhar essas histórias dá esperança às pessoas, esperança de que podemos melhorar.

Jane e eu estávamos reunidos menos de um mês antes de os primeiros casos de covid-19 serem registrados na China e alguns meses antes de eventos públicos serem cancelados por causa da pandemia. Mas, enquanto conversávamos em nosso chalé em uma floresta da Holanda, jamais poderíamos imaginar que isso iria acontecer. Àquela época, Jane ainda viajava sem parar, compartilhando suas histórias de esperança – muitas vezes indo a campos de refugiados e áreas extremamente pobres, tentando levar conforto às pessoas em seus momentos de maior desespero. Só posso imaginar o impacto que tudo isso teve sobre ela.

– Como você consegue manter sua energia e positividade?

Jane sorriu e pude ver a determinação de volta em seu olhar.

– Quando viajo e falo com as pessoas ao redor do mundo, o retorno que recebo é tão comovente! Elas querem acreditar que podem fazer a diferença, mas, às vezes, precisam escutar o relato de alguém que já viu em primeira mão as ações de outros. Ver como as pessoas reagem a isso ajuda, mas tem outra coisa. Quando eu passava horas sozinha na floresta em Gombe, me sentia parte da natureza, sentia uma conexão forte com um grande poder espiritual. E esse poder está sempre comigo, uma força à qual posso recorrer quando preciso de coragem e determinação. E dividir esse poder com outras pessoas me ajuda a levar esperança.

O sol havia se escondido atrás das nuvens. Eu queria ouvir mais, mas ambos estávamos tremendo. Sugeri que voltássemos.

Na cabana, acendemos a lareira e nos sentamos em frente ao fogo para um almoço simples. Pedi a Jane que me contasse mais sobre a extraordinária resiliência da natureza.

– Bom, primeiro você precisa saber que existem tipos diferentes de resiliência – explicou ela.

A vontade de viver

– Existe um tipo de resiliência que já vem programado, como quando a primavera produz novas folhas após um inverno de neve e gelo, ou quando o deserto floresce após um pouquinho de chuva. E existem sementes que conseguem germinar após passarem anos adormecidas. Elas contêm aquela fagulha de vida e aguardam as condições ideais para liberar seu poder. É o que Albert Schweitzer, um dos meus heróis, chamou de vontade de viver.

– Então os seres vivos têm uma habilidade inata de sobreviver e vicejar?

– Com certeza. Uma das minhas histórias favoritas é sobre um bosque cheio de árvores, cuja localização é mantida em segredo. David Noble, um guarda-florestal da Austrália, descobriu um cânion inexplorado e selvagem. Ele desceu de rapel ao lado de uma cachoeira e, enquanto caminhava pela floresta, se deparou com árvores que nunca tinha visto. Pegou algumas folhas e levou-as a um botânico para tentar identificá-las. Inicialmente, ninguém as reconheceu, mas imagine a animação quando descobriram que aquelas folhas eram idênticas a marcas fossilizadas de uma folha encontrada em uma rocha antiga! Ela pertencia a uma espécie que se acreditava estar extinta, uma espécie conhecida apenas por meio dos registros dos fósseis e que, no fim das contas, havia sobrevivido por 200 milhões de anos. Aquelas árvores, que vieram a ser conhecidas como pinheiros Wollemi, ou árvores-dinossauro, estavam tranquilas naquele cânion e haviam sobrevivido a dezessete eras glaciais!

– O que essa longevidade lhe diz sobre resiliência?

– Que precisamos da natureza, mas a natureza não precisa da gente. Se restaurarmos um ecossistema em dez anos, consideraremos um enorme sucesso. Se levarmos cinquenta anos, será difícil nos sentirmos esperançosos, porque esse prazo parece longo demais e somos impacientes. Mas ajuda se pensarmos que, no fim, mesmo que provavelmente não estejamos mais aqui para ver, a natureza vai lidar com a destruição que causamos.

– Então, o que importa para a natureza é o longo prazo – falei, enquanto nos servia um café.

– Sim. E uma coisa sensacional é a maravilhosa tenacidade da vida nas sementes. Depois que todas as florestas ao redor de Gombe haviam sido devastadas, começamos a plantar árvores, mas a tarefa era especialmente difícil nas colinas mais íngremes. Acabamos descobrindo que essa tarefa era também desnecessária, pois as sementes de algumas árvores, que provavelmente estavam lá havia cerca de vinte anos ou mais, começaram a germinar quando a terra foi deixada em paz. Até mesmo algumas raízes de árvores que haviam sido cortadas começaram a brotar novamente.

Jane disse que havia muitos exemplos desse tipo de regeneração espontânea.

– Meu exemplo favorito é a história de Matusalém e Hannah, duas tamareiras muito especiais. Matusalém foi o primeiro a ser "ressuscitado", a partir de uma das sementes descobertas na fortaleza do rei Herodes, na costa do mar Morto. Datações de carbono revelaram que essas sementes tinham 2 mil anos! A Dra. Sarah Sallon, diretora do Centro Borick de Pesquisa em Medicina Natural do Hospital Universitário de Hadassah, e a Dra. Elaine Solowey, que lidera o Centro para Agricultura Sustentável no Instituto de Estudos Ambientais Arava, no Kibbutz Ketura, obtiveram permissão para germinar algumas delas. Uma das sementes germinou: um macho, que ela chamou de Matusalém, em honra ao personagem bíblico, avô de Noé, que teria vivido 969 anos. Quando me encontrei com Sarah para saber um pouco mais a respeito, ela me disse que estava autorizada a "acordar" mais algumas sementes preciosas do sono secular, na esperança de que alguma delas fosse fêmea. Foi assim que outra tamareira ancestral, Hannah, começou a crescer. Há pouco tempo, recebi um e-mail de Sarah contando que Matusalém fertilizou Hannah, produzindo tâmaras enormes e suculentas. Sarah me enviou uma delas, que chegou

Matusalém, acima, nasceu de uma semente de 2 mil anos. Sarah Sallon, que trabalhou para trazê-lo de volta de seu longo sono, finalmente conseguiu germinar uma semente que gerou uma árvore fêmea, Hannah. Após polinização, eles produziram tâmaras de dar água na boca. (DRA. SARAH SALLON)

em um saquinho de pano, e eu fui uma das primeiras pessoas a provar a tâmara de duas tamareiras da Judeia, reencarnação das árvores da antiga floresta de palmeiras de 12 metros de altura que cresciam no Vale do Jordão. O sabor daquela tâmara era simplesmente maravilhoso.

Jane fechou os olhos e estalou os lábios, relembrando a doçura da tâmara ressuscitada.

– É claro que várias espécies animais têm uma tenacidade impressionante, uma grande vontade de permanecer vivas. Como o coiote, que continua a se espalhar pelos Estados Unidos apesar da perseguição dos caçadores. E ratos e baratas...

– Não sei se me sinto mais esperançoso sabendo que os ratos e as baratas vão continuar vivos depois que nós morrermos! – falei.

– Bom, as baratas são uma das espécies mais resilientes e adaptáveis.

– Eu sei muito bem disso, pois cresci em uma cidade grande. As baratas e os ratos eram os "animais selvagens" da cidade. E os pombos.

– Conheço muitas pessoas que detestam esses animais, mas, na verdade, quando eles vivem na natureza, são apenas parte da teia da vida, cada um com um papel a desempenhar. Assim como nós, eles se aproveitam das oportunidades. Alimentam-se dos restos da nossa comida e desfrutam uma boa vida no meio do lixo que é frequentemente encontrado perto das casas.

Eu queria encontrar esperança nas histórias que Jane contou sobre a resiliência, mas ainda me sentia inquieto.

– A natureza é extremamente forte e vibrante e consegue se adaptar aos ciclos naturais do planeta, mas será que ela vai conseguir se recuperar de todo o mal que estamos causando?

– Acredito plenamente que a natureza tem uma habilidade fantástica de restaurar a si mesma depois de ser destruída, seja por atividade humana, seja por desastres naturais. Algumas vezes, ela se recupera lentamente, com o tempo. Mas, por causa dos terríveis danos que causamos todos os dias, muitas vezes a intervenção humana é necessária para ajudar nessa recuperação.

– Então, Jane, entendi que a vida é fundamentalmente resiliente e consegue suportar muitas adversidades. O que a resiliência da natureza pode nos ensinar?

Adaptar-se ou perecer

Jane parou um pouco para pensar.

– Bom, uma característica muito importante da resiliência é a *adaptabilidade*: todas as formas de vida que tiveram sucesso se adaptaram ao ambiente em que cresceram. As espécies que não conseguiram perderam seu lugar na loteria evolutiva. Foi o nosso extraordinário sucesso em nos adaptarmos a diferentes meios que permitiu à humanidade – e a ratos e baratas! – se espalhar pelo mundo. O desafio enfrentado por diversas espécies atualmente é se elas conseguirão ou não se adaptar às mudanças climáticas e à invasão humana de seus hábitats.

Pedi a Jane que falasse mais um pouco sobre por que algumas espécies se adaptam e outras perecem.

– Para algumas espécies, o ciclo da vida, as necessidades nutricionais específicas, etc., são tão pré-programados que elas não conseguem mudar para sobreviver. Outras são mais flexíveis. É fascinante ver como uma espécie pode sobreviver se um ou mais indivíduos são bem-sucedidos na mudança e transmitem seus comportamentos para os outros no grupo. Embora alguns pereçam, a espécie como um todo consegue sobreviver. Pense nas plantas que se tornaram resistentes aos pesticidas e nas bactérias que se tornaram resistentes aos antibióticos e se transformaram em superbactérias. Mas as histórias que eu realmente adoro contar são sobre os animais altamente inteligentes que transmitem informação por meio da observação e do aprendizado. Os chimpanzés são um ótimo exemplo de como uma espécie consegue aprender a se adaptar a diferentes meio ambientes em uma geração.

– De que maneira? – perguntei, ansioso por ouvir as histórias de Jane sobre os chimpanzés.

– Os chimpanzés de Gombe constroem um ninho e dormem à noite, como a maioria dos chimpanzés. Mas os do Senegal, onde as temperaturas estão ficando cada vez mais elevadas, se adaptaram. Eles frequentemente saem à noite em busca de alimento, porque é mais fresco nesse horário. E até passam parte do dia em cavernas, que não são hábitats naturais para a espécie. Já os chimpanzés de Uganda aprenderam a sair à noite em busca de comida por um motivo diferente. Suas florestas estão sendo desmatadas conforme as cidades se expandem e as pessoas necessitam de mais área para agricultura. Assim, à medida que suas fontes de alimento escasseavam, eles aprenderam a invadir as fazendas próximas à floresta e sobreviver das plantações dos agricultores. Esse comportamento é impressionante, pois, de modo geral, os chimpanzés são bastante conservadores e quase nunca experimentam novos alimentos. É o que vemos em Gombe. Se um filhote tenta fazê-lo, a mãe ou o irmão mais velho jogam o alimento fora imediatamente! Mas os chimpanzés de Uganda não apenas desenvolveram o paladar para alimentos como cana-de-açúcar, banana, manga e mamão, como ainda aprenderam a buscar alimentos à noite, quando é menos provável que encontrem seres humanos.

Jane fez uma pausa e continuou:

– Entretanto, se quisermos um exemplo de um primata realmente adaptável (excluindo os humanos, é claro), temos que escolher os babuínos. Eles não têm receio de provar novas comidas e, por isso, são um enorme sucesso enquanto espécie, ocupando diferentes hábitats. Na Ásia, várias espécies de macaco são também bastante adaptáveis. E, é claro, acabam perseguidos por apreciarem as comidas dos humanos.

– Então parece que a adaptação é uma parte essencial da resiliência e que algumas espécies conseguem se adaptar a uma variedade de novas situações, ao passo que outras não o fazem e perecem – pontuei.

Fiquei imaginando se seríamos capazes de nos adaptar não apenas às mudanças climáticas, mas também a novas maneiras de viver que possam desacelerá-las.

– Sim, foi dessa maneira que a evolução ocorreu durante milhares de anos. É adaptar-se ou perecer. A questão é que causamos tantos problemas que frequentemente precisamos intervir para evitar a destruição de um hábitat ou a extinção de uma espécie. É aí que o intelecto humano exerce um papel importante: muitas pessoas usam o cérebro para trabalhar com a natureza e proteger seu desejo inato de sobrevivência. Existem muitas histórias maravilhosas de gente que está ajudando a natureza a se recuperar.

Cuidando da Mãe Natureza

Jane estava ficando animada com a conversa e inclinou-se na cadeira. Gesticulando para enfatizar o que dizia, argumentou que, mesmo quando um hábitat parece completamente destruído, com o tempo a natureza é capaz de recuperá-lo, pouco a pouco. Precisávamos dessa habilidade também, dizia. Ela explicou que as primeiras formas de vida a povoarem um local seriam espécies resistentes, que então criariam o meio ambiente propício para que outras espécies começassem a viver ali.

– Existem pessoas que estudam como a Mãe Natureza funciona

e a copiam quando estão tentando restaurar uma paisagem que foi destruída. Um ótimo exemplo é a restauração de uma pedreira em desuso, uma área monstruosa, de mais de 200 mil hectares, perto da costa no Quênia, onde quase nada crescia. Essa devastação ambiental foi causada pela empresa de cimento Bamburi Cement Company. Curiosamente, o projeto de restauração não partiu da iniciativa de grupos ambientalistas, mas de Felix Mandl, o homem cuja companhia havia feito o estrago. Ele escalou o horticultor da companhia, René Haller, para restaurar o ecossistema. No início, parecia impossível. Após passar dias procurando, Haller encontrou uma ou duas plantas escondidas atrás de pedras que não haviam sido quebradas. E só.

A empolgação de Jane só aumentava.

– Desde o começo, Haller se espelhou na natureza. O primeiro passo foi selecionar uma espécie de árvore adequada às condições áridas e salinas: a casuarina, que é amplamente utilizada em projetos de restauração. As mudas se adaptaram ao local e começaram a crescer com a ajuda de fertilizantes e microfungos retirados do sistema de raízes de árvores já estabelecidas. O problema é que as folhas da casuarina, que parecem pequenas agulhas, não se decompunham no solo árido, o que impedia outras plantas de começar a colonizar a área. Mas Haller, sempre atento e buscando aprender com a sabedoria da natureza, percebeu que algumas lindas centopeias de corpo preto brilhante e pernas vermelhas estavam mascando as folhas e que as fezes delas proviam a substância necessária para criar húmus. Ele procurou centenas daquelas centopeias nas matas ao redor. Com o tempo, a camada fértil de húmus possibilitou o crescimento de outras plantas.

Jane relatou que, após dez anos, as árvores originais haviam atingido 30 metros de altura e a camada de solo estava espessa, pronta para abrigar mais de 180 espécies de árvores e plantas nativas. Várias aves, numerosos insetos e outros animais começaram a retornar ao local, e até girafas, zebras e hipopótamos foram levados para lá. Hoje o projeto é conhecido como Haller Park e recebe a visita de pessoas do mundo todo, servindo de modelo para outros projetos de restauração ambiental.

– É uma história fabulosa, não é? Não se trata apenas de reparar o dano feito pela indústria, mas de um CEO que estava anos-luz à frente dos esforços verdes atuais das empresas, comprometendo-se com a restauração simplesmente porque acreditava ser a coisa certa a fazer. É um ótimo exemplo de que, com tempo e talvez um pouquinho de ajuda, a natureza vai retornar mesmo em áreas completamente destruídas.

Tentei imaginar como o mundo seria se começássemos a reflorestar todas as áreas que devastamos. Li um estudo que dizia que a maioria dos ecossistemas levava entre dez e cinquenta anos para se recuperar, sendo que os oceanos se recuperavam mais rapidamente e as florestas, mais devagar.

– Você está otimista com o movimento que visa renaturalizar parte do mundo? – perguntei a Jane.

– Acho que é um movimento maravilhoso e essencial. Com tantas formas de vida no nosso planeta (e considerando que a maioria dos animais é da espécie humana, ou são nossos animais de estimação, ou criados como alimento), precisamos reservar algumas áreas para a vida selvagem. E essa tentativa de tornar algumas áreas novamente selvagens está começando a funcionar!

Jane disse que, em toda a Europa, ONGs, governos e o público em geral concordaram em proteger vastas áreas de florestas, bosques, pântanos e outros hábitats e interligá-los por meio de corredores de árvores e outras plantas. Isso permite que os animais se movimentem de uma área para a outra em segurança, algo necessário para evitar a consanguinidade. A ONG Rewilding Europe [Renaturalizando a Europa] envolveu dez diferentes regiões europeias em um plano ambicioso que já está resguardando muitos hábitats, criando corredores e protegendo ou restaurando uma grande variedade de espécies.

Os olhos de Jane brilhavam enquanto ela falava sobre esses esforços.

– E quais são alguns dos animais que estão voltando?

Jane começou a contar nos dedos enquanto dizia:

– O alce e os belos íbex de chifres enrolados, o chacal-dourado... que é, na verdade, um pequeno lobo-cinzento. Ah, e os lobos comuns também, o que nem sempre foi comemorado. Os castores-da-eurásia, o lince-ibérico, que é um felino estonteante e ainda é o gato mais ameaçado do mundo. Em alguns países, até o urso-pardo. Várias espécies de pássaros estão começando a se multiplicar, como os cisnes whooper, as águias de cauda branca, os abutres-do-egito e os abutres-fouveiro. Alguns desses animais não eram vistos na natureza havia séculos.

– Você fala dessas espécies com tanta familiaridade e rapidez que parece que está falando dos seus próprios amigos.

– É porque esse tema é muito importante para mim. São nessas histórias que penso para combater o desânimo e o pessimismo.

– São mesmo inspiradoras. E quem está liderando o movimento para salvar esses animais? Os conservacionistas? As ONGs? As pessoas comuns? O que está fazendo a diferença?

– Em sua maioria, são as pessoas comuns. Alguns fazendeiros estão participando dos esforços de renaturalização de certas áreas e devolvendo as próprias terras à natureza, especialmente se a área não era muito propícia à agricultura ou à pecuária. E alguns programas recebem bastante apoio.

Contei a Jane sobre a fazenda que meu sogro tinha em Illinois. Falei de como ele havia plantado grama e outras plantas nativas e ficara maravilhado quando perus-selvagens e outros animais retornaram à área. Jamais me esquecerei dele em seu trator, arando as plantas. Mas perus-selvagens são uma coisa. Alguns desses projetos de renaturalização esperam atrair predadores, como lobos e leões-da-montanha.

– Imagino que algumas pessoas não apoiem muito a renaturalização e não queiram devolver suas terras para os animais, especialmente os carnívoros.

– Não, claro que não. Na África acontece o mesmo que nos Estados Unidos. Os fazendeiros temem que os predadores ataquem seus rebanhos. Os pescadores e caçadores se preocupam com o efeito que alguns animais terão em seu "esporte". No entanto, à medida que mais e mais pessoas percebem que os animais têm o direito de viver e são seres sencientes com personalidade, mente e emoções, esses programas recebem mais apoio do público em geral. O mais animador é que algumas dessas espécies estavam à beira da extinção na Europa. Pessoas dedicadas conseguiram salvá-las, dando-lhes uma nova chance e evitando que elas entrassem para a longa lista de formas de vida que desapareceram do planeta.

– Qual é a sua história favorita sobre espécies que foram tiradas da lista de ameaça de extinção?

– Ela tem três personagens muito especiais: o Dr. Don Merton, um biólogo da vida selvagem, um grande aventureiro, e um casal de tordos-negros da ilha de Chatham. Eu amei essa história desde que a ouvi pela primeira vez, pois o tordo-europeu, que muita gente conhece porque essa ave ilustra cartões de Natal, é um dos meus pássaros favoritos, e o tordo-negro se parece muito com ele, exceto pela cor. Os dois pássaros da história foram chamados de Blue e Yellow, por causa das cores da etiqueta de identificação nas respectivas patas.

Jane continuou:

– Conheci Don durante uma viagem à Nova Zelândia, e ele mesmo me contou a história. Don é uma dessas pessoas inspiradoras

Don Merton com um tordo-negro da ilha de Chatham. A paixão e a criatividade de Don ajudaram a resgatar essa espécie à beira da extinção.
(ROB CHAPPELL)

e me dá muita esperança no futuro. Ele estava decidido a salvar os últimos desses passarinhos da extinção. O problema é que não existem predadores naturais na Nova Zelândia, e, quando os humanos introduziram cães, gatos e doninhas, os pássaros se tornaram presas fáceis, pois não tinham instinto de defesa contra predadores. Portanto, não conseguiram se adaptar a esse tipo de ameaça. Para ter sucesso em sua empreitada, Don percebeu que precisaria capturar os tordos-negros remanescentes e soltá-los em outra ilha onde não houvesse os predadores mencionados.

Jane estava claramente empolgada.

– Quando ele conseguiu permissão para executar o plano e enfim pôde observar as aves, restavam apenas *sete* espécimes em todo o planeta. Havia duas fêmeas, e, naquela primeira temporada, embora as duas houvessem colocado ovos, nenhum deles chocou. Esses pássaros costumam ter um único parceiro ao longo da vida, e nesse caso seus parceiros eram claramente inférteis. No entanto, por algum motivo milagroso, Blue abandonou seu parceiro e acasalou com um dos três machos mais jovens. Os dois fizeram um ninho e ela pôs dois ovos, como é comum para a espécie. Don se viu em um dilema terrível. Ele já havia participado de um programa bem-sucedido de cruzamento de aves em cativeiro, mas envolvia um método experimental complicado e parecia, de certa forma, cruel com os pais, especialmente com a mãe. Ele teria que tirar aqueles dois ovinhos preciosos de Blue e colocá-los em um ninho de tordo-australiano (um passarinho mais ou menos do mesmo tamanho do tordo-negro), na esperança de que Blue e Yellow fizessem outro ninho e produzissem mais dois ovos. Ele me disse que se sentiu péssimo ao tirar os ovos de Blue e destruir o ninho feito com tanto cuidado. O destino de uma espécie inteira dependia de o par acasalar novamente. Se algo desse errado, ele seria o responsável pela extinção da espécie.

Tentei imaginar como eles fizeram para tirar os ovos de Blue e Yellow e colocá-los no ninho de outro passarinho sem que o casal percebesse.

– Você pode imaginar o alívio que ele sentiu quando os pássaros fizeram outro ninho e Blue pôs mais dois ovos? Pois Don decidiu repetir o processo. Outro casal de tordos-australianos ganhou dois ovos adotivos, e Blue e Yellow fizeram um terceiro ninho com mais dois ovos.

– Como eles conseguiram que o tordo-australiano adotasse os ovos? – perguntei.

– Os cucos fazem isso com diversos pássaros. Normalmente, os pássaros cuidam dos ovos de outros pássaros. O verdadeiro desafio começou quando os passarinhos nasceram. Don não podia simplesmente deixar os tordos-negros serem criados pelos tordos-australianos: eles não aprenderiam o comportamento da própria espécie. Então colocou os filhotes no ninho de Blue e Yellow, e Yellow começou a alimentá-los. Quando Don pegou os outros dois e colocou sob os cuidados de Blue e Yellow, o terceiro par de ovos havia chocado. Agora o casal tinha seis passarinhos para alimentar. Don me contou que, quando ele colocou os dois últimos passarinhos no ninho de Blue, ela olhou para ele como se dissesse "E agora?", e ele falou: "Tudo bem, querida. Não se preocupe. Vamos ajudar você a alimentar os filhotes." Eles pegaram insetos, larvas e minhocas para ajudar a alimentar a família em crescimento.

Jane me disse que Don e sua equipe repetiram o processo por mais alguns anos, e a maioria dos passarinhos sobreviveu, acasalou e chocou seus próprios filhotes. Hoje existem cerca de 250 tordos-negros. Imagine: Don, Blue e Yellow salvaram toda a espécie. Blue viveu quatro anos a mais do que a média. Quando ela morreu, aos 13 anos, era famosa e carinhosamente conhecida como Velha Blue. Uma estátua foi erguida em sua memória.

Era óbvio como Jane amava histórias sobre o resgate de animais e parecia ter muitas para contar. Ela me falou de diversas espécies que foram salvas da extinção pela criatividade e pela determinação humanas, a maioria por meio de reprodução em cativeiro. Acreditava-se que o furão-do-pé-preto das pradarias da América do Norte tinha sido extinto, até que o cão de um fazendeiro matou um deles. Buscas revelaram uma pequena população que havia sobrevivido, o que permitiu aos cientistas começarem um programa bem-sucedido de reprodução em cativeiro. O grou-americano, o falcão-peregrino, o lince-ibérico e o condor-da-califórnia chegaram a ter populações de alguns poucos indivíduos quando iniciativas bem-sucedidas para salvá-los foram realizadas. Entre as espécies extintas na natureza mas mantidas vivas por meio de programas de reprodução em cativeiro e, posteriormente, reintroduzidas aos seus hábitats na-

Uma fêmea de órix-de-cimitarra, após ser reintroduzida em seu hábitat no Chade, deu à luz o primeiro filhote. Quando Jane recebeu essa foto, ficou com os olhos marejados. (JUSTIN CHUVEN/AGÊNCIA AMBIENTAL DE ABU DHABI)

turais, estão o veado-milu da China e o órix-da-arábia. Muitos peixes, répteis, anfíbios, insetos e diversas plantas foram salvos da extinção pelo trabalho árduo e pela dedicação de pessoas que se importam com a natureza.

– Acabei de receber um e-mail com notícias maravilhosas sobre o belo órix-de-cimitarra – disse Jane. – Eles habitavam as regiões desérticas do Norte da África e da península Arábica, mas foram caçados até a extinção na natureza, e a espécie só foi salva graças a programas de reprodução em cativeiro. Venho acompanhando de perto a história desses animais maravilhosos. Os primeiros 25 tinham sido soltos em uma vasta área de seu hábitat original no Chade, em 2016. Desde então, pequenos grupos são soltos anualmente. Hoje existem 265 adultos e adolescentes e 72 filhotes, todos livres e aparentemente bem adaptados. Essa informação chegou até mim por intermédio de Justin Chuven, da

Agência Ambiental de Abu Dhabi. Uma pergunta que fiz a ele foi se é verdade que esses órix conseguem sobreviver até seis meses sem beber água. Ele me disse que eles ficam sem água por seis ou sete meses e, algumas vezes, por até nove meses por ano!

Fiquei surpreso. Perguntei como isso era possível.

– Justin me explicou que os órix dependem de várias plantas ricas em água, uma das quais é um melão bastante suculento, mas muito azedo e nada saboroso. Ele disse que é interessante observar os órix em um local cheio dessas plantas. Eles dão uma única mordida em cada fruta, balançam a cabeça, enojados com o sabor, e mordem a próxima, provavelmente esperando que seja menos azeda. Mas nunca é!

Fiquei comovido com essas histórias heroicas de preservação, mas sabia que nem todos acreditavam que tais programas de resgate valiam o esforço e o dinheiro investido.

– O que você diz às pessoas que acreditam que esses programas para proteger espécies em risco de extinção são um desperdício de recursos? Ao longo da história da vida na Terra, 99,9% de todas as espécies desapareceram, por isso as pessoas podem pensar: "De que adianta gastar dinheiro para salvar as espécies agora?"

A trama da vida

– Conforme você já mencionou, Doug, a velocidade de extinção atualmente, em razão de ações humanas, é muito, muito maior do que jamais vivenciamos antes. Estamos tentando reparar os danos que causamos. E isso não beneficia apenas os animais. Sempre tento fazer as pessoas entenderem que nós, seres humanos, dependemos da natureza para tudo: comida, água, ar, roupas. Mas os ecossistemas precisam ser saudáveis para prover nossas necessidades. Quando estava em Gombe, aprendi, com base nas muitas horas passadas na floresta, que cada espécie desempenha um papel. Tudo é interligado. Cada vez que uma espécie desaparece, um buraco se abre na maravilhosa teia da vida. E, à medida que mais buracos começam a aparecer, o ecossistema perde força. Em cada vez mais lugares a teia está tão esburacada que o ecossistema se aproxima do colapso. E é nesse momento que se torna mais importante do que nunca reparar os danos.

– E isso realmente funciona a longo prazo? – perguntei enquanto nos aproximávamos do fogo. Dei o cobertor a Jane e, dessa vez, ela o jogou por sobre os ombros, como um xale. – Você pode me dar um exemplo da diferença que esses esforços podem fazer?

– Acho que o melhor exemplo de reparo de um ecossistema é o Yellowstone National Park, nos Estados Unidos.

Jane me explicou que o lobo-cinzento foi extinto há cem anos na maior parte da América do Norte. Em Yellowstone, como não havia mais lobos, a população de alces aumentou demais e eles comeram mais da vegetação do parque, o que prejudicou o ecossistema. Ratos e coelhos não tinham mais onde se esconder, pois a vegetação rasteira deixou de existir, e a população das duas espécies despencou. As abelhas tinham menos flores para polinizar. Faltavam frutas silvestres para que os ursos-pardos pudessem se alimentar e se preparar para a hibernação. Os lobos-cinzentos costumavam manter os alces longe da beira do rio, onde ficavam mais expostos e vulneráveis a ataques. Sem os lobos, os alces passavam mais tempo à beira do rio, e os cascos das enormes manadas erodiram as margens, fazendo com que os rios ficassem lamacentos. Os cardumes, por sua vez, diminuíram bastante na água turva, e os castores não podiam mais construir represas, porque o excesso de pastagem havia destruído muitas árvores.

Quando foram reintroduzidos no parque, os lobos-cinzentos diminuíram a população de alces de cerca de 17 mil para 4 mil, um número mais equilibrado. Espécies de necrófagos, como coiotes, águias e corvos, começaram a prosperar, assim como os ursos-pardos. Até mesmo os alces ficaram em melhores condições quando sua população se estabilizou, pois deixaram de morrer de fome no inverno. Para os humanos, a água potável na área ao redor do parque ficou mais limpa, e a indústria do turismo cresceu bastante com a volta dos lobos. Eu estava começando a entender o que Jane queria dizer com a teia da vida e as conexões entre todas as espécies.

– Seria ótimo se a mídia desse mais espaço a notícias mais otimistas e alegres – concluiu Jane.

Indaguei a ela se já tinham lhe perguntado se os recursos gastos com a preservação dos animais seriam mais bem empregados para ajudar pessoas necessitadas.

– Com certeza, sempre me fazem essa pergunta.

– E como você responde?

– Bom, eu digo que, pessoalmente, acredito que os animais têm tanto direito de habitar este planeta quanto nós. Mas que também somos animais, e o Jane Goodall Institute, assim como muitas outras organizações conservacionistas, preocupa-se bastante com as pessoas. Na verdade, está cada vez mais claro que os esforços de conservação ambiental só serão bem-sucedidos e sustentáveis se as comunidades locais se beneficiarem de alguma maneira e se envolverem com eles. As duas coisas devem andar de mãos dadas.

– E você iniciou programas desse tipo em Gombe. Pode me contar como o trabalho começou?

– Em 1987, visitei seis países na África onde as pessoas estavam estudando chimpanzés para descobrir por que as populações deles estavam diminuindo e o que poderia ser feito a respeito. Aprendi muito sobre a destruição dos hábitats de florestas e sobre o início do comércio de carnes exóticas: a caça *comercial* de animais para alimentação e a matança de mães para que seus filhotes sejam vendidos como animais de estimação ou para entretenimento. Mas, durante a mesma viagem, comecei a perceber também as dificuldades enfrentadas pelas pessoas que viviam ao redor dos hábitats dos chimpanzés. A terrível pobreza, a falta de serviços de saúde e educação e a degradação da terra. Embarquei naquela viagem para entender os problemas dos chimpanzés e percebi que estavam ligados aos problemas das populações humanas. Se não ajudássemos as pessoas, não poderíamos ajudar os chimpanzés. Comecei a pesquisar sobre os vilarejos ao redor de Gombe.

Jane me disse que a maioria das pessoas não conseguia acreditar que aquele nível de pobreza ainda existisse. Não havia uma infraestrutura de cuidados com a saúde, água encanada ou eletricidade. As meninas tinham que interromper os estudos após a escola primária para ajudar nas tarefas de casa e na agricultura e se casavam aos 13 anos. Muitos homens mais velhos tinham quatro mulheres e vários filhos.

– Havia uma escola primária em cada um dos doze vilarejos ao redor de Gombe. As professoras tinham varetas para castigo, que usavam sem pudor, e as crianças passavam a maior parte do tempo varrendo o pátio da escola. Alguns vilarejos contavam com uma clínica, mas havia poucos suprimentos médicos. Assim, em 1994 o instituto começou o Tacare. Na época, era uma visão completamente nova na área do conservacionismo. George Strunden, o idealizador do programa, selecionou um pequeno time de sete tanzanianos que foram aos doze vilarejos e perguntaram à comunidade o que podíamos fazer para ajudar. Eles queriam plantar mais comida e ter melhores clínicas e escolas, e foi por onde começamos, trabalhando em conjunto com membros do governo tanzaniano. Nos primeiros anos, nem falamos em salvar os chimpanzés. Como começamos o trabalho com a população local, as comunidades acabaram confiando em nós, e, gradualmente, elaboramos um programa que incluía o plantio de árvores e a conservação das fontes de água.

– Ouvi dizer que você também iniciou linhas de microcrédito.

— Sim, acho que foi uma das ações de maior sucesso. Foi algo mágico o fato de que, logo depois que iniciamos o programa Tacare, o Dr. Muhammad Yunus, que ganhou o prêmio Nobel da Paz em 2006 e é um dos meus heróis, me convidou a ir a Bangladesh e me apresentou a algumas das primeiras mulheres que receberam pequenos empréstimos de seu Grameen Bank. O Dr. Yunus começou seu programa de empréstimos porque os grandes bancos se recusavam a concedê-los. As mulheres me disseram que havia sido a primeira vez que tinham segurado dinheiro de verdade e a diferença que isso fizera na vida delas. A partir de então, elas podiam mandar os filhos à escola. Decidi começar imediatamente esse programa no Tacare.

Após uma pequena pausa, Jane continuou:

— Durante uma das minhas visitas seguintes a Gombe, os primeiros destinatários dos pequenos empréstimos que o Tacare os ajudara a obter foram convidados a falar sobre os negócios que

Uma mulher que recebeu um empréstimo do Tacare e iniciou um negócio de venda de mudas de árvores. (JANE GOODALL INSTITUTE/GEORGE STRUNDEN)

haviam iniciado. Eram, em sua maioria, mulheres. Uma jovem de cerca de 17 anos, bem tímida, estava animada para me contar como sua vida mudara. Ela havia montado um viveiro de árvores e vendia mudas para o projeto de reflorestamento do vilarejo. Estava tão orgulhosa! Já tinha pagado seu primeiro empréstimo; seu negócio estava gerando lucro; ela contratara outra jovem para ajudar com os trabalhos e conseguira planejar o melhor momento para ter o segundo filho, graças ao programa de planejamento familiar do Tacare. E nos disse que não queria ter mais do que três filhos, pois assim poderia arcar com os custos de uma boa educação para eles.

– Eu sei que você acredita na desaceleração voluntária do crescimento populacional e vê o acesso à educação, especialmente para as meninas, como um dos pontos-chave para solucionar a crise ambiental.

– Isso é essencial. Durante uma visita a outro vilarejo, dei uma palestra em uma escola primária e conheci uma menina que tinha recebido uma bolsa do Tacare, que lhe permitiria avançar nos estudos. Ela também era bem tímida, mas estava animada pela perspectiva de se mudar para a cidade e estudar em um colégio interno.

Rindo, Jane me contou que, no início do programa, idealizado especificamente para possibilitar que as meninas permanecessem na escola durante e após a puberdade, ela soube de um grande problema. As jovens não iam à escola quando estavam menstruadas, porque os sanitários de lá eram buracos no chão, sem nenhum tipo de privacidade. Além do que, elas não tinham acesso a absorventes.

– Então planejamos a introdução de latrinas com um sistema de ventilação, instaladas em cabines fechadas. Nos Estados Unidos, acredito que se chamam sanitários VIP (*Ventilator Improved Pit Latrines*). Naquele ano, de presente de aniversário, pedi dinheiro para a construção de uma dessas latrinas. Conseguimos angariar o suficiente para construir cinco! Quando ficaram prontas, fui a uma das escolas para a inauguração. Foi um evento esplêndido: os pais das crianças vestiam suas melhores roupas, alguns membros do governo compareceram e as crianças estavam animadíssimas. O sanitário tinha chão cimentado, cinco cabines com porta e trava para as meninas e, separadas por uma parede, três cabines para os meninos. Eles ainda não haviam sido utilizados. Cortei a faixa inaugural e fui conduzida pela diretora da escola e por um fotógrafo até o sanitário das meninas. Entrei em uma cabine e, para fazer a coisa direito, me sentei. Mas não abaixei as calças! – concluiu ela com um sorriso maroto. – Fica nítido que, agora, essas meninas estão empoderadas para tirar sua vida da pobreza e entendem que, sem um ecossistema saudável, suas famílias não podem prosperar.

Jane voltou a falar sobre o Tacare:

– Quase todos os vilarejos têm uma reserva florestal que precisa ser protegida, mas, em 1990, a maioria delas estava bastante degradada, em razão da procura de madeira e da queima para abrir espaço para as plantações. Como a maioria dos chimpanzés que ainda restavam na Tanzânia vivia nessas reservas, a situação não era muito promissora. Mas agora tudo mudou. Nosso programa Tacare está presente em 104 vilarejos na área que contém mais ou menos 2 mil chimpanzés na Tanzânia. No ano passado, fui a um desses vilarejos e conheci Hassan, um dos monitores florestais, que havia aprendido a utilizar um smartphone. Ele estava animado para nos levar para a "sua" floresta e nos mostrar como utilizava o telefone para registrar onde havia encontrado uma árvore cortada ilegalmente ou uma armadilha para pegar animais. Também nos mostrou uma área onde novas árvores estavam crescendo. Ele disse que estava vendo cada vez mais animais, vira inclusive um pangolim caminhando para casa à noite, três dias antes. E, o mais animador, havia identificado sinais da presença de chimpanzés: três ninhos e fezes.

Hassan é um dos monitores florestais, treinado em um curso do Tacare para usar um smartphone a fim de registrar armadilhas ou, neste caso, uma árvore cortada ilegalmente. Ele também registra o avistamento de chimpanzés, pangolins e outros animais silvestres. (JANE GOODALL INSTITUTE/SHAWN SWEENEY)

— Sinto muito por não ter podido me encontrar com você em Gombe — falei, recordando meu súbito retorno aos Estados Unidos para estar ao lado do meu pai no hospital enquanto ele estava doente.

— Você fez exatamente o que precisava fazer. Haverá outras oportunidades. O que teria visto lá é realmente animador. O programa, cujo objetivo é cuidar das pessoas para que elas sejam capazes de cuidar do meio ambiente à sua volta, está dando certo.

Jane me contou que os moradores dos vilarejos estão muito animados para aprender sobre agrofloresta e permacultura, e os agricultores cultivam árvores no meio das plantações para gerar sombra e equilibrar o nitrogênio no solo. Todos os vilarejos têm projetos de plantio de árvores, e os morros ao redor de Gombe já

Emmanuel Mtiti liderou o programa Tacare desde o início. Sábio e um líder nato, ele foi a escolha perfeita para convencer as autoridades do vilarejo a aderirem aos esforços do programa. Na foto, ele e Jane observam uma grande área onde o Tacare trabalha para ajudar as pessoas, os animais e o meio ambiente. (RICHARD KOBURG)

não estão pelados. E, o melhor de tudo, as pessoas entendem que, ao proteger a floresta, não estão beneficiando apenas a vida silvestre, mas o futuro delas próprias, assim todos se tornaram parceiros do instituto na conservação.

O método do Tacare opera em outros seis países africanos onde o JGI está presente. Como resultado, os chimpanzés e suas florestas, assim como os demais animais silvestres, estão sendo protegidos pelas populações locais, em cujas mãos está o futuro.

– Entendo o que você fala sobre a ligação entre a resiliência da natureza e a resiliência humana – comentei. – Lidar com as injustiças humanas, como a pobreza e a opressão de gênero, nos torna mais capazes de gerar esperança para as pessoas e para o meio ambiente. Nossos esforços para proteger espécies ameaçadas de extinção preservam a biodiversidade no planeta Terra, e, quando protegemos todas as formas de vida, inerentemente protegemos a nós mesmos.

Jane sorriu e balançou a cabeça, como um ancião que passa adiante os segredos da vida e da sobrevivência. Eu começava a entender.

Olhei meu relógio. Já eram quase quatro horas da tarde. Jane se surpreendeu:

– Nossa, já é quase noite! O inverno... Vamos reavivar o fogo e conversar mais um pouco enquanto bebemos uma dose de uísque. Preciso dele para revigorar minha voz.

De fato, a voz dela começava a soar um pouco cansada.

Jane pegou uma garrafa de Johnnie Walker, semelhante à que eu lhe dei na Tanzânia, e nos serviu doses generosas.

Nós nos sentamos novamente e ela ergueu o copo.

– Um brinde à esperança – disse ela.

Brindamos e bebemos.

Precisamos da natureza

Com a voz um pouco mais forte depois de ter tomado o uísque, Jane prosseguiu:

– A última coisa que eu gostaria de dizer é que não apenas somos parte da natureza, não apenas dependemos dela: nós realmente *precisamos* dela. Ao proteger esses ecossistemas, ao efetuar a renaturalização de cada vez mais áreas do mundo, estamos protegendo o nosso próprio bem-estar. Existem inúmeras pesquisas demonstrando isso. É algo extremamente importante para mim. Eu preciso passar algum tempo na natureza, mesmo que seja apenas para me sentar sob uma árvore ou caminhar por um bosque ou ouvir os pássaros cantarem, para apaziguar a minha mente neste mundo tão louco!

Nem sempre é possível, claro. Ela continuou:

– Quando estou em um hotel com vista para a cidade, penso: "Sob todo esse concreto, existe terra fértil. Poderíamos estar plantando alguma coisa. Poderíamos ter árvores, flores e pássaros." Então penso na pressão para tornar as cidades mais verdes plantando árvores, o que não apenas deixa as temperaturas mais amenas, mas também reduz a poluição do ar, melhora a qualidade da água e aumenta o bem-estar das pessoas. Mesmo nas cidades, como em Singapura, existem projetos que ligam pequenos hábitats por meio de corredores verdes de árvores para que os animais possam se locomover de um local a outro à procura de comida ou parceiros. Cada árvore plantada faz a diferença.

Eu sabia que Jane estava envolvida em uma iniciativa, lançada no Fórum Econômico Mundial em Davos, para plantar um trilhão de árvores e combater o desmatamento causado pela ação do homem no mundo. Comentei que as árvores podem nos salvar.

– Plantar árvores é muito importante – declarou Jane. – Proteger as florestas é ainda mais importante. Vai demorar para que as mudas cresçam o suficiente para absorver quantidades significativas de CO_2. E, é claro, elas precisam de cuidados. Temos que limpar os oceanos também e, obviamente, reduzir a emissão de gases do efeito estufa.

– Aonde você vai para recarregar suas energias na natureza quando não está em Gombe?

– Todos os anos tento ir a Nebraska, para o chalé do meu amigo Tom Mangelsen, que é fotógrafo da vida selvagem. A cabana fica no rio Platte, e vou durante a migração das gruas de sandhill, dos gansos da neve e de muitas outras espécies de aves aquáticas.

– Por que você gosta de lá? – perguntei, sabendo que ela poderia ir a qualquer lugar no mundo.

– Porque é um lembrete emblemático da resiliência sobre a qual vimos conversando. Porque, apesar de termos poluído o rio, apesar de a pradaria ter sido convertida para o plantio de milho geneticamente modificado, apesar de a irrigação estar acabando com o Aquífero de Ogallala, os pássaros continuam indo para lá todos os anos, milhões deles, para se alimentar dos restos de grãos deixados após a colheita. Amo me sentar à beira do rio e observar as gruas voando em bandos no pôr do sol e ouvir os chamados selvagens. É algo muito especial. Faz com que eu me lembre do poder da natureza. E enquanto o sol avermelhado se põe atrás das árvores na margem oposta, um cobertor cinza se estende por toda a superfície do rio de águas rasas, quando os pássaros se preparam para dormir e seus pios silenciam. Então caminhamos de volta ao chalé, no escuro.

Os olhos de Jane estavam fechados e seu rosto resplandecia, certamente revivendo aquelas tardes mágicas que tanto a revigoravam.

Ao bebericar meu uísque, senti o calor se espalhando pelo peito.

– Preciso lhe contar sobre uma experiência inesquecível que tive na natureza e que me dá esperança – falei.

– Conte – disse Jane, ansiosa para escutar mais uma história e adicioná-la ao seu repertório.

– As baleias-cinzentas do Pacífico foram caçadas e levadas quase à extinção e agora não apenas estão voltando, mas também interagindo com os seres humanos, seus antigos inimigos mortais. Essas baleias são chamadas baleias-cinzentas amigáveis.

– Sim, já ouvi falar delas. É impressionante.

– Tive uma experiência em Baja, no México, que me tocou profundamente. Percebi que uma das baleias era extremamente branca, algo que, segundo o nosso guia, ocorre com elas à medida que envelhecem. Seu corpo e sua cauda apresentavam diversos arranhões e cortes, resultado de anos defendendo filhotes das orcas que tentam comê-los durante a migração anual do Alasca para Baja. Quando ela se aproximou, vimos as cracas em sua pele e um corte profundo na parte de trás do espiráculo, o que também indicava se tratar de uma baleia velha. Nosso guia disse que provavelmente era uma baleia avó.

Jane estava atenta.

– Ela emergiu a cabeça perto do nosso barco, espalhando água por todo lado. Ergueu o queixo em direção ao corrimão da embarcação e começamos a acariciar sua pele prateada. Exceto pelas cracas, era uma pele macia e esponjosa. Enquanto a acariciávamos, ela se virou de lado, abrindo a boca e exibindo as barbatanas, um sinal de relaxamento. E então nos olhou com um de seus belos olhos. Estava claro que ela se sentia segura e queria se conectar a nós naquela baía, o mesmo local onde ela talvez tenha presenciado outros seres humanos praticamente aniquilarem sua espécie. Eu me senti tão emocionado que lágrimas desceram pelo meu rosto. Nosso guia disse: "Essa baleia nos perdoou. Ela nos perdoou pelo que fomos e está nos vendo como somos hoje."

– É extraordinário quando reconhecemos nossa conexão com a natureza. – Jane assentiu.

– Você pode me contar um pouco mais sobre os locais onde sente essa conexão de maneira mais intensa? – pedi a Jane.

– Bom, é claro que vou a Gombe todos os anos. Eu me sento no mesmo pico onde me sentava quando era jovem e fico observando o lago Tanganyika, até as montanhas distantes do Congo. E do outro lado daquele vasto rio, o mais longo e o segundo mais profundo do planeta, o sol se põe atrás das montanhas e o céu adquire uma coloração rosa-claro, depois avermelhada. Ou então as nuvens escuras de chuva se juntam, os trovões reverberam e os relâmpagos piscam no céu, depois anoitece. Outras vezes me deito em algum local calmo e fico olhando para cima, para o céu, e as estrelas finalmente aparecem após o sol se pôr. Então me vejo como um pontinho de consciência na enormidade do universo.

Naquele momento, senti que poderia ficar para sempre sentado à beira do fogo ouvindo as histórias de Jane, mas olhei pela janela e vi as primeiras estrelas. Eu sabia que era hora de terminarmos, de descansarmos para podermos voltar no dia seguinte e explorar as duas últimas razões para se ter esperança.

– Vamos encerrar a noite? – perguntei.

Mas ela ainda queria compartilhar uma última história sobre esperança e a resiliência da natureza.

– Ano passado, no Dia Internacional da Paz, participei de uma cerimônia muito especial em Nova York. Havia cerca de vinte membros do Roots & Shoots, o programa internacional de jovens do JGI. Muitos eram afro-americanos, estudantes do ensino médio de todo o país. Nós nos reunimos ao redor da Árvore Sobrevivente –

Visita à Árvore Sobrevivente no Dia Internacional da Paz. As feridas profundas no caule sinalizam uma história de sofrimento. Dois dos homens que deram outra chance à árvore estão com Jane: Richie Cabo, o viveirista, é o que está mais próximo dela e, à direita, está Ron Vega, que garantiu à árvore um lugar no memorial. (MARK MAGLIO)

aquela que foi resgatada após o Onze de Setembro. Richie Cabo, o dedicado viveirista que tinha ajudado a cuidar dela, estava conosco. Olhamos para cima, para os galhos fortes que se erguiam em direção ao céu.

– Pouco tempo antes eles estavam carregados de flores, e agora as folhas começavam a cair. Ficamos ali, silenciosamente rezando pela paz no mundo, pelo fim do ódio racial e da discriminação, por um novo respeito à natureza e aos animais. Olhei ao redor, para os rostos jovens daqueles que herdariam o planeta machucado por diversas gerações de humanos. E então eu vi. Vi a perfeição do ninho de algum passarinho. Imaginei os pais alimentando os filhotes, o desenvolvimento deles e o último voo rumo ao mundo ainda desconhecido. As crianças também estavam olhando para o ninho. Algumas sorriam, outras tinham os olhos cheios de lágrimas. Elas também estavam prontas para entrar no mundo. E a Árvore Sobrevivente, resgatada da morte, não apenas havia produzido novas folhas como também nutria outras vidas.

Jane se virou para mim naquele pequeno chalé em um bosque da Holanda.

– Agora você entende como eu ouso ter esperança? – perguntou ela, baixinho.

RAZÃO Nº 3:
O poder dos jovens

– Eu sempre quis trabalhar com crianças – disse Jane. – É curioso. Quando era jovem, costumava pensar: "Um dia serei velha" (como sou hoje). E sempre me imaginei sentada num banco rústico embaixo de uma árvore contando histórias para pequenos grupos de crianças.

Era fácil imaginar Jane sob sua amada Faia, rodeada de crianças. Dava para ver através das duas janelas ao nosso lado as árvores lá fora, mas me sentia grato por estarmos aconchegados ali dentro, ao lado da lareira.

O sol da manhã iluminava o rosto de Jane ao começarmos mais um dia de entrevista. Olhando para sua blusa de gola alta cor de salmão e sua jaqueta *puffy* cinza, eu me dei conta de que nunca havia pensado nela como uma idosa. Havia algo de tão vibrante, tão vivo, tão imbatível em Jane que me surpreendi ao perceber como cada um de nós envelhece de um jeito. Há aqueles que, aos 40 ou 50 anos, parecem derrotados pela vida e começam a se apagar. Já outros aos 80 ou 90 parecem infinitamente curiosos e envolvidos com tudo que o laboratório da vida tem a revelar. Nesse momento, como se fosse uma deixa para a terceira razão de Jane para se ter esperança, ouvimos crianças rindo lá fora. Ela disse:

– As palestras que eu mais gosto de dar são para os alunos do ensino médio ou da universidade. Eles são tão engajados, tão vivos. Mas, se quer saber, é ainda melhor com os pequeninos. Eles

Jane na companhia de membros do Roots & Shoots, que, assim como ela, foi convidado pela Organização das Nações Unidas por ocasião do Dia Internacional da Paz. (JANE GOODALL INSTITUTE/MARY LEWIS)

ficam rolando pelo chão enquanto você conta histórias e pensa: "Bom, eles não estão nem aí." Aí encontro os pais e fico sabendo que as crianças contaram a eles exatamente o que eu lhes dissera. Elas não deveriam ficar sentadas quietinhas nessa idade (é a mesma coisa com um bebê chimpanzé) porque aprendem e escutam enquanto brincam. É por isso que a escola pode ser tão prejudicial. Porque mantém as crianças pequenas sentadas. É terrível, não é isso que deveriam fazer. Elas aprendem por meio das experiências. Felizmente, hoje em dia, cada vez mais escolas estão começando a mudar, colocando as crianças em contato com a natureza, respondendo às suas perguntas e estimulando-as a desenhar e contar histórias.

– Como você passou a trabalhar com os jovens?
– Quando comecei a viajar pelo mundo promovendo a cons-

cientização sobre a crise ambiental, encontrei em todos os continentes jovens que estavam apáticos ou desestimulados, ou com raiva e às vezes agressivos, ou então profundamente deprimidos. Comecei a conversar com eles, e todos me diziam mais ou menos a mesma coisa: "Estamos assim porque nosso futuro está comprometido, e não há nada que possamos fazer a respeito." E é verdade, nós comprometemos o futuro deles.

Jane continuou:

– Existe um famoso ditado: "Não herdamos a Terra dos nossos ancestrais, mas a tomamos emprestada dos nossos filhos." Mas nós não a tomamos emprestada de nossos filhos: nós a roubamos! Quando se toma algo emprestado, a expectativa é de que aquilo seja devolvido. Estamos roubando o futuro deles há muitos anos, e agora o nosso roubo atingiu proporções absolutamente inaceitáveis.

– E não é só dessa geração que estamos roubando a Terra – acrescentei. – Também a estamos tirando de todas as gerações futuras. Há quem chame isso de injustiça intergeracional, porque os filhos do futuro, as pessoas do futuro, não tiveram direito a voto ou a manifestar suas opiniões em nossos comitês.

– Sim, é exatamente isso. Mas discordei dos jovens que me disseram que não havia nada que pudessem fazer a respeito. Disse a eles que temos uma janela temporal e que se pessoas de todas as idades, jovens e velhas, se unirem, podemos pelo menos começar a curar parte da ferida que infligimos e desacelerar as mudanças climáticas. Se *todos nós* começarmos a pensar sobre as consequências de nossos atos, por exemplo, em relação ao que compramos, e estou incluindo aí os jovens, pensando no que pedem aos pais para comprarem para eles... enfim, se todos nós começarmos a nos perguntar se a produção desses objetos prejudicou o meio ambiente, ou os animais, ou se são baratos porque foram feitos com trabalho escravo infantil ou à custa de salários injustos, e se então nos recusarmos a comprá-los, se for esse o caso...

Bem, teremos bilhões de escolhas éticas que nos levarão ao mundo de que precisamos.

Essa filosofia esperançosa de que "todos podem fazer a diferença" levou Jane, em 1991, a lançar seu programa para jovens, o Roots & Shoots.

– Pode me contar como começou o Roots & Shoots?

– Doze alunos tanzanianos do ensino médio de oito escolas foram até a minha casa em Dar es Salaam. Alguns estavam preocupados com a destruição dos recifes de corais por dinamitação ilegal e com a caça ilegal em parques nacionais. Por que o governo não estava reprimindo aqueles crimes? Outros se preocupavam com as agruras das crianças em situação de rua, e outros, ainda, com os maus-tratos aos cachorros abandonados e animais nas feiras. Discutimos tudo isso e sugeri que agissem para melhorar as coisas. Então eles voltaram para as respectivas escolas, reuniram outros jovens que tinham as mesmas preocupações e fizemos outra reunião, e assim nasceu o Roots & Shoots. Sua principal mensagem é: cada indivíduo importa, exerce um papel e causa impacto no planeta, a cada dia. E a escolha em relação ao tipo de impacto que vamos causar está nas nossas mãos.

– Não é uma questão apenas ambiental, certo?

– Não. Ao compreender que tudo está inter-relacionado, decidimos que cada grupo escolheria três projetos para ajudar o mundo a se tornar um lugar melhor, tanto para as pessoas quanto para os animais e para o meio ambiente, começando pelas suas comunidades locais. Eles discutiriam o que poderia ser feito, se preparariam para o trabalho e então arregaçariam as mangas e agiriam.

– Como foi a reação das pessoas?

– Zombaram do primeiro grupo do Roots & Shoots por limparem uma praia sem serem pagos. Muita gente disse que só se trabalha de graça para os pais, e isso porque não se tem escapatória! Mas logo uma explosão de atividade deu lugar a um novo fenômeno na

Tanzânia: o voluntariado. Aquele foi um programa de base e, aos poucos, outras escolas se envolveram. Muitos grupos escolheram plantar árvores nos pátios escolares sem vegetação. Como as árvores crescem depressa nos trópicos, passados alguns anos todas aquelas escolas contavam com áreas sombreadas onde os alunos podiam relaxar ou estudar, rodeados de árvores e pássaros.

Desde então, o Roots & Shoots tornou-se um movimento global, com centenas de milhares de membros, do jardim de infância à universidade, e presente em 68 países – e esse número não para de crescer.

– O que me dá esperança – prosseguiu Jane – é que, aonde quer que eu vá, jovens cheios de energia desejam me mostrar o que fizeram e o que estão fazendo para tornar o mundo um lugar melhor. Quando entendem os problemas e quando os empoderamos para atuar sobre eles, quase sempre eles desejam ajudar. E sua energia, seu entusiasmo e sua criatividade são infinitos.

– A percepção das pessoas é que muitos jovens, especialmente os privilegiados dos países desenvolvidos, são materialistas ou autocentrados.

Jane concordou que, em alguns casos, isso era mesmo verdade, mas certamente não em todos.

– Temos diversos programas do Roots & Shoots em escolas particulares. Com frequência, crianças de origem privilegiada se engajam de maneira profunda e desejam sinceramente ajudar. Só precisam que algo toque seu coração e as desperte para a satisfação que sentem quando fazem algo útil para outros.

– Isso aconteceu com os meus próprios filhos – falei. – Ao longo dos anos, estão cada vez mais conscientes dos problemas do mundo e se sentem estimulados a abraçar causas importantes para eles. Eu me pergunto como é no caso de crianças que estão em situações difíceis. Sei que você também trabalhou com jovens em estado de extrema pobreza e em campos de refugiados.

– Sim, e descobri que as crianças que moram em comunidades pouco privilegiadas têm uma grande motivação em ajudar os outros. Sempre me emociono ao ver a empolgação nos olhos delas quando digo que elas podem fazer a diferença. Que o mundo precisa delas. E, acima de tudo, que elas são importantes.

Jane fez uma pausa e pareceu perdida em pensamentos. Esperei que ela voltasse a falar.

– Estava pensando na primeira vez que tive certeza de que o programa daria certo. Sabia que a coisa ia muito bem na Tanzânia e em duas escolas nos Estados Unidos, uma internacional e uma particular. Mas o que dizer de uma escola pública de baixa renda no Bronx? Há alguma chance de ajudarmos a empoderar os jovens para que fizessem a diferença ali?

Jane conheceu uma professora, Renée Gunther, que a convidou a dar uma palestra na segunda escola de ensino fundamental mais pobre do estado de Nova York, segundo lhe informaram.

– Quase todas as crianças tinham irmãos ou irmãs mais velhos, ou pais, que faziam parte de gangues. Alcoolismo e uso de drogas estavam disseminados. Em um auditório caindo aos pedaços, falei para as crianças sobre os chimpanzés e sobre o Roots & Shoots. Para meu imenso prazer, muitas pareceram verdadeiramente interessadas e fizeram diversas perguntas, em especial sobre um slide com um chimpanzé vestindo uma roupa de circo. Quando expliquei que o treinamento dos chimpanzés para o circo era bastante cruel, e que todos tinham sido roubados de suas mães, a empatia das crianças por eles ficou evidente.

No ano seguinte, Renée pediu que Jane fizesse uma nova visita.

– Tive uma reunião com ela e o diretor da escola. Eles me contaram que algumas crianças tinham ficado bastante interessadas em montar grupos do Roots & Shoots e queriam me contar o que haviam decidido fazer. "Tenho certeza de que você já viu apresentações muito mais bem-acabadas", contou-me a professora depois, "mas essas crianças nunca tinham feito algo assim antes." Havia lágrimas nos olhos dela. O primeiro grupo desejava banir o isopor dos almoços escolares e havia montado um pequeno esquete. Nele, um menino fazia o papel de gerente de uma empresa e outro, de porta-voz de um pequeno grupo do Roots & Shoots. Eles não apenas tinham um impressionante conhecimento sobre isopor, como também eram grandes atores! Foram até convidados, mais tarde, a se apresentar em público. E conseguiram banir o isopor da escola deles!

– Como isso deve ter deixado essas crianças orgulhosas! E feito que acreditassem que podem fazer a diferença.

– Sim, isso é o mais empolgante – concordou Jane. – Depois teve a apresentação de Travis, um menino afro-americano de 11 anos, que me impressionou ainda mais. Sua professora havia me dito que, antes de se juntar ao Roots & Shoots, ele quase nunca ia à escola. Quando ia, se sentava nos fundos da sala, escondendo o rosto sob o capuz do moletom. Nunca dizia nada. Bem, Travis deu um passo adiante e ficou bem na minha frente, olhando direto para mim. Sua dupla de apresentação ficou em silêncio atrás dele. Travis me disse que tinha visto um chimpanzé fantasiado na caixa de um cereal matinal, supostamente sorridente e feliz. "Mas você nos disse que aquela expressão não era um sorriso, era de medo", disse ele. "Então escrevi para você e você respondeu que era isso mesmo." Empertigando-se ainda mais, ele continuou: "Foi quando decidi *fazer alguma coisa*." Ele e o amigo escreveram ao gerente da empresa. Receberam uma carta em resposta, agradecendo. Muitas outras pessoas tinham reclamado do chimpanzé na caixa de cereal, mas Travis não sabia disso. Imagine como ele se sentiu quando aquele anúncio foi descontinuado!

– Um dos mais importantes fatores que determinam a esperança na vida de uma pessoa é perceber que tem capacidade de ação, de ser efetiva – comentei. – Isso deve ter mudado a vida dele. Faz a gente a pensar nos pequenos êxitos que levaram Gandhi ou Mandela a trilharem seus caminhos de vida.

– Sim, é por isso que sinto tanto entusiasmo em trabalhar com jovens das mais variadas origens. Muitas vezes eles só precisam de uma chance, de um pouco de atenção, de alguém que os escute, que os estimule, que se importe. Quando têm esse apoio e começam a perceber que podem verdadeiramente fazer a diferença, o impacto é imenso.

O amor em um lugar sem esperanças

Jane me contou diversas outras histórias inspiradoras dos grupos do Roots & Shoots e de como vinham transformando suas comunidades. Fiquei particularmente emocionado com uma sobre o encontro que estimulou seu desejo de começar o Roots & Shoots em reservas nos Estados Unidos.

– Em 2005, depois de uma das minhas palestras em Nova York, trouxeram um bilhete ao meu camarim. Era de um nativo americano chamado Robert White Mountain [Robert Montanha Branca], perguntando se poderíamos conversar. Fiquei muito chocada quando ele me contou que seu filho de 16 anos havia se suicidado recentemente, por enforcamento.

Robert White Mountain contou a Jane que o lugar onde ele morava, na Dakota do Norte, tinha um dos maiores índices de suicídio dos Estados Unidos: de três a seis suicídios ou tentativas por semana. Apenas quinze dos antigos colegas de escola do seu filho ainda estavam vivos. Enquanto enterrava o jovem, Robert fez a promessa silenciosa de que tentaria fazer alguma coisa a respeito. Tinha ouvido falar de uma tal Jane Goodall e de seu programa Roots & Shoots, e, desesperado, imaginou se ela poderia ajudar.

– E aí... Você conseguiu ajudá-lo? – perguntei a Jane.

– Bem, consegui me aproximar da comunidade dele. Ele me levou para visitar o abrigo que tinha criado para jovens afetados pelas drogas, pelo álcool e pela violência doméstica. Era uma construção minúscula sem janelas e com pouquíssima mobília. Ali ele me contou sobre a vida na sua reserva, a extrema pobreza e os índices de desemprego que frequentemente levavam à desesperança, à impotência, ao álcool, às drogas e à violência. Para mim era inimaginável que uma comunidade como aquela, onde as pessoas moravam em condições piores do que as de muitos países em desenvolvimento, pudesse existir no meio do país mais rico do planeta.

Enquanto Jane falava, ficou evidente como a lembrança daquela conversa ainda a perturbava. Robert disse a ela que antigamente seu povo era chamado de "protetores da terra", mas, ao longo dos anos, eles haviam perdido aquela conexão.

– Esse encontro de quinze anos atrás levou a diversos outros encontros e amizades com alguns maravilhosos anciãos e chefes de povos nativos dos Estados Unidos e do Canadá. Eu me conectei com diversos deles em um profundo nível espiritual.

– Você conseguiu estabelecer programas em alguma reserva nos Estados Unidos?

– Só em uma até agora, na reserva de Pine Ridge, na Dakota do Sul, outra comunidade onde o uso de álcool, de drogas e o suicídio são comuns. Começou de modo inesperado. Eu tinha combinado uma reunião entre minha equipe e um grupo de anciãos de povos nativos para discutirmos como implementar um programa naqueles moldes para os jovens. Convidei um rapaz, Jason Schoch, que eu tinha conhecido uns anos antes, em um período em que ele estava profundamente deprimido. Sabia que Jason desejava usar a própria experiência para ajudar outros jovens. No fim, o grupo que se reuniu foi extremamente pequeno, e nenhum dos chefes locais pôde comparecer por causa de uma tempestade de neve repentina, fora de época. Mas uma jovem esteve lá: Patricia Hammond, cuja mãe era do povo Lakota. Patricia e sua família moravam na reserva de Pine Ridge. Embora ela não conhecesse Jason, os dois passaram todo o tempo em que ficamos confinados por causa da nevasca planejando como implementar o Roots & Shoots na reserva. Jason voltou para a Califórnia, onde trabalhava, mas a certa altura, quando não conseguiu mais pagar as contas de telefone das conversas com Patricia, mudou-se para a Dakota do Sul!

Jane me contou que Patricia e Jason desejavam reconectar os jovens de Pine Ridge com a natureza e sua cultura originária. Formaram um grupo para coletar lixo e criar uma pequena horta orgânica. Queriam ensiná-los sobre os alimentos tradicionais e as plantas medicinais.

Patricia Hammond ensinou sobre plantas tradicionais aos grupos do Roots & Shoots da reserva de Pine Ridge, na Dakota do Sul, com o apoio dos mais velhos. (JASON SCHOCH)

– Eles reviveram as formas de cultivo tradicionais dos Hidatsa, também chamadas "três irmãs", plantando milho, feijão e abóbora juntos – explicou Jane.

Os terrenos produzem safras abundantes e de alta qualidade com impacto ambiental mínimo. O milho fornece suporte para que o feijão cresça; o feijão realimenta o solo de nutrientes; e as grandes folhas das abóboras fornecem uma cobertura viva para o solo e sombra, além de conservarem a água e ajudarem no controle natural das plantas daninhas.

– Naquela primeira estação, tudo floresceu no pequeno terreno. O milho chegou a quase 2 metros de altura, mas, justamente quando os jovens estavam empolgados com os preparativos para a colheita, um dos membros do Roots & Shoots teve um fim de semana particularmente difícil e, num ataque de fúria, invadiu a cerca e pisoteou todo o milho. Patricia me disse que sentiu vontade de desistir. Em vez disso, ela, Jason e a turma do Roots & Shoots consertaram a cerca e começaram tudo de novo. No fim, criaram doze hortas comunitárias e três feiras orgânicas para a comunidade. Segundo ela, as hortas ajudaram a comunidade a se reconectar com a terra e a ter alegria e esperança.

Jane concluiu:

– Creio que os três pilares do Root & Shoots, ajudar as pessoas, os animais e o meio ambiente, realmente se conectam à antiga crença de muitos povos indígenas de que somos todos um.

Quando os jovens começaram a planejar e a colaborar nesses projetos, os que se juntaram ao programa ganharam um sentido de propósito e de valor próprio que não tinham antes. O Roots & Shoots realmente fez a diferença. Muitos membros concluíram o ensino médio e alguns foram para a universidade. Jason e Patricia continuam fomentando e expandindo seu trabalho na reserva.

As crianças de Pine Ridge agora cuidam da horta com orgulho e prazer.
(JASON SCHOCH)

– É inspirador que o programa seja capaz de fazer a diferença, mesmo em uma comunidade onde tantos outros programas fracassaram – falei.

Jane sorriu.

– Acho que esse êxito se deve a uma série de fatores. Primeiro, ao fato de que os jovens têm voz nas atividades. É um movimento de baixo para cima. E, quando escolhem um projeto, dedicam-se a ele com grande paixão e entusiasmo. Segundo, à maioria ser composta por estudantes, de modo que todos os professores que aceitam participar se sentem inspirados pelo conceito de um programa que abarca todas as preocupações e interesses dos diferentes membros do grupo. Sempre há alguns alunos que desejam ajudar e aprender sobre animais, outros que se preocupam mais com as questões sociais e outros apaixonados pelas questões do meio ambiente. Além disso, ele conecta jovens de países diferentes, sendo, portanto, uma excelente maneira de aprender a respeito de outras culturas.

Quanto mais Jane falava sobre aqueles adolescentes, mais animada ia ficando.

– Todos esses jovens estão mudando o mundo para melhor todos os dias. A cada projeto bem-sucedido, seu sentimento de empoderamento aumenta, e eles se tornam mais confiantes. E, por estarmos constantemente em busca de parcerias com organizações voltadas para jovens que tenham os mesmos valores que a nossa, os alunos ficam cada vez mais esperançosos de que, juntos, terão sucesso. E cada vez mais atingem o resultado esperado.

Jane acreditava que, quando sentimos que podemos fazer a diferença e temos os meios necessários para isso, os resultados positivos aparecem, e estes, por sua vez, trazem mais esperança. Era um poderoso exemplo do que as pesquisas tinham descoberto

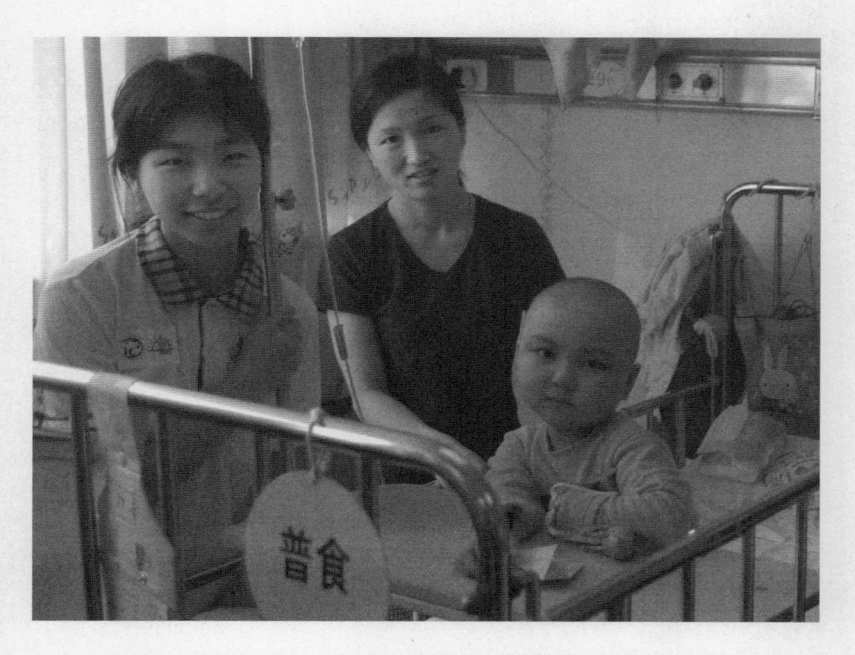

Universitárias chinesas do Roots & Shoots visitam uma criança com câncer: elas levam brinquedos e contam histórias. (JANE GOODALL INSTITUTE/CHASE PICKERING)

sobre os fatores para a esperança: objetivos claros e inspiradores, maneiras realistas de atingir esses objetivos, a crença de que é possível alcançá-los e o apoio social para avançar apesar das adversidades.

Jane me contou outra história de esperança em um lugar de desespero: um campo de refugiados congoleses administrado pelo Alto Comissariado das Nações Unidas para Refugiados (Acnur) na Tanzânia. Um membro iraniano do Roots & Shoots havia implementado o programa naquele imenso campo, mas após um curto período ele foi embora. Três jovens voluntários tanzanianos o sucederam para levar adiante a tarefa.

– Eles tiveram que lidar com uma burocracia sem fim, receberam um espacinho minúsculo e vazio para servir de escritório e local para viver, mas, no fim, conseguiram introduzir o Roots & Shoots em várias das escolas.

Além disso, organizaram e receberam financiamento para criar programas de capacitação para os membros – como de criação de hortas orgânicas, cabeleireiro, culinária e criação de galinhas. Isso acabou com a caça ilegal para consumo.

– Em uma de minhas visitas, cada família do Roots & Shoots recebeu de presente uma galinha e um galo. Sabíamos que os animais seriam bem cuidados porque as crianças tinham aprendido a alimentá-los e protegê-los à noite. Durante o dia eles ciscavam ao redor das casas. Tanto para os pais quanto para as crianças, esses presentes eram preciosos, pois eles tinham pouquíssimas posses. Logo as galinhas produziriam pintinhos, e eles poderiam acrescentar aves e ovos à marmita de arroz e mandioca. Além disso, nossos grupos do Roots & Shoots também estavam fornecendo legumes frescos.

– O que aconteceu com os refugiados? – perguntei.

– Pouco depois disso, foram repatriados para a República Democrática do Congo. Muitos estavam apavorados de retornar, porque não tinham mais família no país, já que todos haviam sido mortos nas guerras. Me disseram que os grupos do Roots & Shoots levaram consigo as galinhas e as sementes que guardaram das hortas.

Ela me contou que, nos primeiros meses, a Acnur abrigou os refugiados que estavam retornando ao Congo em um campo de recepção, enquanto tentava lhes oferecer condições de vida futura.

– Cerca de dois meses depois recebi uma carta de um visitante desse campo. O cenário era deprimente, disse ele: a terra nua, gente com expressão vazia, crianças sentadas, indiferentes, diante de suas cabanas. Ele continuou caminhando pelo campo e, então, chegou a um lugar onde o clima era outro. Havia crianças correndo e rindo. Galinhas tinham sido abrigadas em um terreno onde haviam plantado grama. Alguns adolescentes cuidavam de uma hortinha. O visitante perguntou ao seu anfitrião por que ali as coisas eram diferentes. "Bom, eu não sei, na verdade. Mas é um negócio chamado Roots & Shoots."

"Eu não quero a sua esperança"

Obviamente, o Roots & Shoots é apenas uma dentre inúmeras organizações que trabalham para empoderar, educar e mobilizar jovens. Ao redor do mundo, os jovens cada vez mais vão às ruas para exigir mudança. O movimento "Fridays for Future" [Sextas-feiras pelo Futuro] foi criado por Greta Thunberg, a ativista ambiental que, aos 15 anos, começou a protestar em frente ao Parlamento Sueco exibindo um cartaz onde se lia GREVE ESCOLAR PELO CLIMA. Greta já conversou com líderes mundiais e discursou nas mais importantes conferências, e milhões de pessoas participaram desses protestos organizados por grupos de jovens.

Perguntei a Jane se ela tinha conhecido Greta Thunberg.

Crianças chinesas cujos pais migraram do campo para a cidade. Universitários do país os ajudaram a entender que eles têm valor e podem fazer a diferença. (JANE GOODALL INSTITUTE ROOTS & SHOOTS, BEIJING, CHINA)

– Sim. Ela tem feito um trabalho incrível de conscientização da crise climática em diversas partes do mundo, e não apenas entre os jovens.

Fiquei curioso para saber o que Jane achava da fala provocativa de Thunberg no Fórum Econômico Mundial, em que ela declarou: "Os adultos teimam em dizer: 'Estamos em dívida com os jovens e precisamos lhes dar esperança.' Mas eu não quero que vocês tenham esperança. Quero que entrem em pânico. Quero que sintam o medo que eu sinto todos os dias, e depois quero que ajam. Quero que ajam como agiriam em uma crise. Quero que ajam como se sua casa estivesse pegando fogo. Porque está." Perguntei a Jane o que ela achava da crítica de Greta à esperança e da sua crença de que o medo é a reação mais apropriada.

– Precisamos reagir com medo e raiva em relação ao que está acontecendo, sem dúvida. Nossa casa está *mesmo* pegando fogo. Mas, se não tivermos a esperança de que é possível apagar esse fogo, desistiremos. A questão não é optar pelo medo ou pela esperança, ou ainda pela raiva. Precisamos de todos esses sentimentos.

– Temos tantos problemas graves. Não será um jeito de os adultos se esquivarem, dizer que as crianças resolverão esses problemas?

Jane se empertigou na cadeira, claramente desafiada por aquela pergunta.

– Fico muito irritada quando as pessoas dizem que caberá aos jovens resolver os problemas. Claro que não podemos nem devemos esperar que eles resolvam todos os nossos problemas. Precisamos apoiá-los, encorajá-los, empoderá-los, ouvi-los, educá-los. E acredito verdadeiramente que os jovens de hoje estão se posicionando de maneira admirável. Quando compreendem os problemas e se empoderam, no sentido da ação... Ora, neste exato momento eles já estão mudando o mundo. E não é só uma questão do que fazem. É particularmente animador ver como as crianças estão influenciando os pais e os avós. Muitos pais me dizem que nunca tinham refletido sobre aquilo que compram, até os filhos começarem a explicar o que estavam aprendendo sobre o meio ambiente.

– Como é isso? – perguntei, lembrando-me de minhas próprias experiências como pai e como meus filhos se tornaram defensores de produtos ecológicos e foram a força motriz por trás de muitas mudanças que minha família fez no modo como compramos e consumimos em casa.

– Um dos melhores exemplos que conheço vem da China. Em 2008, uma garota de 10 anos chamada Joy foi a uma de minhas palestras e depois implorou aos pais que a ajudassem a montar o primeiro grupo do Roots & Shoots em Chengdu. O lema deles era uma citação minha: "Apenas quando entendermos será possível cuidar. Apenas quando cuidarmos será possível ajudar. Somente quando ajudarmos é que seremos todos salvos." De início as crianças simplesmente seguiram as sugestões dos professores, mas logo começaram a idealizar e conduzir seus próprios projetos. Tornaram-se um dos grupos mais ativos. Alguns anos depois, recebi uma carta da mãe de Joy traduzida do chinês por sua filha, que, aliás, aprendera inglês para se comunicar comigo! Preciso ler para você!

Jane saltou da cadeira e apanhou o laptop.

– O que ela disse foi o seguinte: "Depois que nossos filhos formaram um grupo do Roots & Shoots na escola, mudamos nosso jeito de pensar. Não é exagero dizer que a maioria de nós jamais pensaria em cuidar do meio ambiente se não fossem os nossos filhos. Talvez ainda levássemos aquele estilo de vida anestesiado, sem nenhuma preocupação com o planeta, apenas com nós mesmos. Nossos filhos nos levaram a adquirir uma visão diferente da nossa vida. Comecei a minha mudança pessoal, de aceitar passivamente a participar ativamente, depois que minha filha apresentou as informações do Roots & Shoots. De uma consumidora um pouco egoísta, eu me transformei em alguém que aprendeu a eliminar as compras desnecessárias."

– Que carta mais impressionante – falei, quando Jane terminou de ler.

Então descobri que a história ficava ainda melhor.

Jane manteve uma correspondência pessoal com Joy ao longo dos anos e, assim, soube que a mãe da menina ficou tão entusiasmada com a causa que passou a criar cursos e escrever peças de teatro relacionadas à proteção ambiental.

E Joy, que agora tem 18 anos e faz faculdade, organizou manifestações com o apoio de seu grupo do Roots & Shoots. Conseguiram criar um programa extremamente bem-sucedido de reciclagem para livrar Chengdu do lixo nas ruas.

A história de Jane sobre Joy e sua mãe me fez lembrar de uma história que ouvi de Christiana Figueres, uma das arquitetas do Acordo de Paris. Em uma reunião do Fórum Econômico Mundial, Ben van Beurden, CEO da Royal Dutch Shell, solicitara um encontro a sós com ela, sem a presença de assessores.

Ao término do encontro, ele disse: "Christiana, serei bastante franco. Nós dois somos pais." Ele então narrou um momento decisivo, quando sua filha de 10 anos lhe perguntou se era verdade que sua empresa estava destruindo o planeta. Van Beurden prometeu-lhe que faria tudo para garantir que ela crescesse em um planeta seguro e sustentável. E resolveu apoiar o Acordo de Paris.

Em todo o mundo, jovens estão limpando o lixo das ruas e das praias e instalando latas de coleta para reciclagem em cantinas escolares – como é o caso em Kibale, Uganda. (JANE GOODALL INSTITUTE/MIE HORIUCHI)

Era evidente que Jane e seus 31 institutos homônimos ao redor do mundo estavam inspirando um exército de jovens defensores ambientalistas em mais de 65 países, mas eu ainda duvidava se seria o bastante para modificar os valores da nossa civilização extrativista e consumista sem a participação das grandes lideranças. Eu desejava saber exatamente por que ela depositava tanta esperança na geração seguinte e se não seria um equívoco pensar que os jovens teriam, de fato, capacidade de enfrentar os problemas criados pelas gerações anteriores.

Milhões de gotas formam um oceano

– Já ouvi de muitos dos visionários mais velhos que conheci que os jovens lhes dão esperança – falei –, mas ainda assim me pergunto o que exatamente nesses jovens dá esperança a vocês. Vocês acreditam que essa geração é diferente das outras?

– Em termos de meio ambiente e justiça social, essa geração é diferente. Quando eu era jovem, não se abordava nenhuma dessas questões na escola. Mas, aos poucos, cada vez mais ativistas começaram a escrever sobre elas. Um dos livros mais significativos a influenciar as pessoas nos anos 1960 foi *Primavera silenciosa*, de Rachel Carson, sobre os danos terríveis causados pela utilização de DDT.

Concordei com ela.

– Esse livro certamente ajudou a iniciar um movimento. O livro certo ou o filme certo no momento certo são capazes de mudar a cultura. *Uma verdade inconveniente*, de Al Gore, é outro exemplo. Livros como *A nova segregação*, de Michelle Alexander, e *Compaixão*, de Bryan Stevenson, contribuíram para forjar um movimento de reforma da justiça criminal nos Estados Unidos.

– Sim, é verdade. Gradualmente, ao longo dos últimos sessenta anos, essas questões vieram à tona. Algumas escolas passaram a incluir em seus currículos consciência ambiental e questões sociais. Hoje em dia, mesmo que não sejam ensinadas nas escolas, essas pautas estão no noticiário, na televisão, em toda parte. As crianças não conseguem deixar de ouvir sobre a crise climática (poluição, desmatamento, perda de biodiversidade) e, cada vez mais, sobre nossas crises sociais: racismo, desigualdade, pobreza. Portanto, os jovens estão mais bem equipados do que nós estávamos para entender e lidar com os problemas que causamos e também para compreender como essas questões estão relacionadas.

– É mesmo, e é ótimo estarmos educando as gerações futuras

a serem mais conscientes dos pontos de vista ambiental e social e que elas estejam mudando os pais, mas, atualmente, os desafios são imensos. Precisamos ter no poder pessoas que mudem as coisas agora, neste momento. Não temos tempo para esperar que esses jovens cresçam...

– Muitos deles já cresceram. Temos três décadas de alunos do Roots & Shoots agora. Eles levaram para a vida adulta os valores adquiridos quando eram membros.

Ainda assim, eu não estava convencido.

– Tudo bem, mas acho que um monte de gente adia as coisas, dizendo que os jovens são a solução. E, seja como for, a maioria dos antigos membros do Roots & Shoots ainda não se encontra em posições de poder. Precisamos que o presidente dos Estados Unidos, que não vai ser ninguém de 20 ou 30 anos, assuma a liderança. Precisamos que todas as pessoas estejam lidando com a questão nos próximos dez anos.

Jane não se alterou nem um pouco:

– É verdade. Mas serão os jovens de 20 e 30 anos que elegerão o presidente certo.

Mais uma vez, Jane estava sendo clarividente. Onze meses mais tarde, o aumento do número de eleitores jovens ajudaria a tirar da presidência Donald Trump, que havia retirado os Estados Unidos do Acordo de Paris, e a eleger Joe Biden. Uma das primeiras medidas relevantes do mandato do novo presidente seria a retomada do Acordo de Paris e do compromisso de construir uma economia e um planeta mais sustentáveis. Sessenta e um por cento dos norte-americanos com idades entre 18 e 29 anos – quase um quinto do eleitorado – votaram em Biden. Ele venceu por uma diferença de mais de 7 milhões de votos, mas, na matemática bizarra do Colégio Eleitoral, a eleição foi decidida por meras centenas de milhares de votos em estados cruciais. Os votos da "Geração Jane" conduziram a maior superpotência mundial na direção certa. Mas tudo isso estava no futuro durante a conversa daquele dia no chalé na floresta, e, na época, a única coisa que pude dizer a Jane foi que eu torcia para ela estar certa.

Jane se inclinou para a frente, atiçou as brasas agonizantes da lareira e observamos as chamas se agitarem mais uma vez. Ela se acomodou de novo na cadeira e prosseguiu:

– Tem mais uma coisa. Muitos daqueles alunos do Roots & Shoots que mencionei entraram para a política. E outros se tornaram executivos, jornalistas, professores, jardineiros, urbanistas, pais, e sei lá mais o quê. Muitos agora trabalham em prol do ambiente de alguma maneira, incluindo o ministro do Meio Ambiente da República Democrática do Congo, que pertenceu a um grupo do Roots & Shoots quando estudante. Ele está tentando seriamente desmantelar o comércio ilegal de carne de caça e o tráfico de animais no país.

Jane disse que os jovens de hoje não apenas são mais bem

Três membros do Roots & Shoots na Tanzânia. A camiseta anuncia os valores do programa: conhecimento, compaixão e ação. (JANE GOODALL INSTITUTE/CHASE PICKERING)

informados, mas estão se envolvendo mais nos processos decisórios e políticos. O Roots & Shoots, por exemplo, é mais que um programa ambiental. Ele vem, na verdade, ensinando às pessoas os valores da participação e da democracia. De discutir, tomar decisões e agir coletivamente.

– O impacto total dos programas de empoderamento juvenil nesses países ainda não pode ser mensurado – disse ela. – *Ainda*.

O "ainda" de Jane era um poderoso lembrete de que até as circunstâncias que menos trazem esperanças podem, com o tempo, mudar.

Também me fez recordar o uso das palavras "ainda não", da professora Carol Dweck, de Stanford, para identificar um mindset de crescimento, ou a crença de que podemos mudar e crescer. Crianças e adultos dotados de um mindset de crescimento são muito mais bem-sucedidos que os que têm um mindset fixo a respeito de si mesmos e do mundo. Mas de que maneira os pequenos programas de educação poderiam realmente fazer frente à força dos regimes totalitários e dos interesses comerciais dominantes? Expus minha dúvida.

– Em muitos países não é possível lutar contra o governo ou denunciar as injustiças, por medo de ir parar na prisão ou ser assassinado. O que você diz aos jovens desses locais?

– Eu digo que, embora eles tenham que conviver com o sistema, podem ainda assim se manter fiéis aos seus valores, fazer pequenas diferenças todos os dias e conservar a esperança em um futuro melhor.

Era quase como se Jane estivesse dizendo que as nossas esperanças e os nossos sonhos coletivos, mesmo quando não podem ser realizados, têm força, talvez esperando a hora certa de ganharem concretude. Ainda assim, meu ceticismo nova-iorquino foi acionado.

– Tudo isso é maravilhoso, mas não parece apenas uma gota

no meio do oceano diante da esmagadora autocracia e da tirania que as pessoas são obrigadas a enfrentar em todo o mundo?
– Mas o oceano é formado por milhões de gotas.
Sorri. Esperança, xeque-mate.

Nutrindo o futuro

Estava anoitecendo, o sol se punha depressa, enquanto eu continuava pensando nos grandes problemas que, por tantos anos, haviam sido negados ou ignorados. Pensei em todas as pessoas que negaram a mudança climática, nas culturas que ensinavam às crianças que os meninos são superiores às meninas, ou nos adultos equivocados que ensinavam às crianças que algumas raças ou alguns grupos são melhores que outros. Pensei em como o medo, o preconceito e o ódio podem ser ensinados tão facilmente quanto a coragem, a igualdade e o amor. Como mudar essas visões de mundo tão entranhadas com a rapidez necessária?

– Ah, Doug, eu não sei, sinceramente. Minha esperança é que haja cada vez mais gente preocupada e programas voltados a essas questões, buscando aliviar a pobreza, garantir direitos sociais, lutar pelos direitos humanos e dos animais. E que cada vez mais crianças se envolvam desde bem cedo.

Ela fez uma pausa para refletir, e logo seus olhos se iluminaram com mais uma história de esperança.

– Estou pensando em Genesis, uma jovem americana cuja comida preferida, aos 6 anos, era nuggets de frango. Um dia, ela perguntou à mãe de onde vinham aqueles nuggets. Sua mãe tentou mudar de assunto, dizendo que vinham do supermercado. "Mas onde o supermercado consegue eles?" Então a mãe contou, e Genesis não apenas parou de comer sua comida preferida, como também pesquisou o máximo que podia a respeito, e agora, aos 13 anos, ela dá palestras sobre a importância, para os animais, para o meio ambiente e para a saúde humana, de nos tornarmos veganos. Há muitos exemplos de crianças muito novas que se tornam ativistas. E as mais comprometidas e bem-sucedidas, em geral, têm pais que as apoiam.

Novamente, pensei nos meus próprios filhos e me perguntei como minhas ações influenciavam as visões de mundo deles.

– Como nós, pais, podemos fomentar a esperança em nossos filhos para que se preparem para o futuro que vão encontrar?

– Antes de mais nada, aprendi com os chimpanzés a importância dos primeiros anos de vida. Após seis décadas de pesquisa, tornou-se bastante evidente que os jovens chimpanzés que têm mães que os apoiam tendem a ser os mais bem-sucedidos. Os machos alcançam um posto mais elevado na hierarquia de dominância, são mais autoconfiantes e tendem a ter mais filhotes, enquanto as fêmeas se tornam melhores mães.

– E como você traduziria isso em termos da parentalidade humana? – perguntei a Jane.

– Bem, não é tão diferente assim. Também pesquisei bastante sobre a criação de bebês humanos quando trabalhava na minha tese de doutorado. E é óbvio que, no caso das nossas crianças, o mais importante é que nos primeiros anos elas recebam amor e atenção de pelo menos uma pessoa que esteja sempre ao seu lado. Elas precisam de cuidados e de apoio consistentes. Não precisa ser da mãe ou do pai biológicos, nem mesmo de um membro da família.

– Muitos pais acreditam que dar apoio significa ser permissivo. Qual é o papel da disciplina nisso tudo?

– A disciplina é importante, mas acredito que o crucial é que uma criança pequena não seja punida por algo que não lhe tenha sido ensinado gentilmente que é errado. Vi uma mãe bater no filho de 2 anos por ter derramado na bandeja um pouco de leite que ele não queria mais e então feito desenhos com o dedo. O comportamento dele foi tão somente uma amostra de como as crianças aprendem sobre o mundo à sua volta, como aprendem sobre as propriedades das coisas. Ele não mereceu o castigo severo que recebeu. Castigo físico é errado. As mães chimpanzés distraem os filhotes dos comportamentos indesejados fazendo neles cócegas ou limpando seus pelos.

Adorei aquela informação sobre as mães chimpanzés e pensei nas muitas vezes que tentei distrair meus filhos quando eles tinham uma crise de birra.

– O que podemos fazer em relação aos jovens que crescem sem nenhum apoio, como em lares abusivos?

Como de costume, Jane respondeu com uma história.

– Certo dia, recebi uma carta de uma garota de 14 anos que estava em um centro de detenção de menores. Ela dizia: "Minha vida estava uma bagunça e eu me drogava, então vim parar aqui e odiava tudo. Aí, na biblioteca, encontrei um exemplar de *Minha vida com os chimpanzés*. Minha mãe nunca me apoiou, mas, quando li esse livro, pensei: 'Jane poderia ser a minha mãe.'" A mãe dela nunca lhe disse que ela poderia ter sucesso na vida. Mas, ao ler que minha mãe tinha me apoiado, e a diferença que isso fez para mim, ela se deu conta de que também poderia seguir seus sonhos. Eu poderia servir de exemplo para ela. Foi isso que ela quis dizer quando falou que eu poderia ser sua mãe. Começou a se comportar bem, a dar duro, e deu a volta por cima na vida.

Pensei naquela moça e no quanto os livros, as histórias e os exemplos podem modificar a vida de uma criança. E pensei no que Jane dissera sobre a importância do ambiente e como a nossa natureza humana é suficientemente adaptável ao mundo onde devemos sobreviver. A educação das crianças é muito dependente da comunidade maior à qual pertencemos. Há pouca dúvida de que a pobreza, o vício e a desesperança que rodeavam o filho de Robert White Mountain contribuíram para que ele se suicidasse aos 16 anos.

Contei a Jane sobre um pesquisador da esperança chamado Chan Hellman, que fora criado em meio à pobreza na região rural de Oklahoma. O pai era traficante de drogas e levava Chan em suas transações para reduzir os riscos de violência. Quando Chan estava no oitavo ano, o pai tinha se mudado, e a mãe, que fora hospitalizada diversas vezes em razão de depressão, desapareceu. Chan passou a fazer apenas uma refeição ao dia – o almoço servido na escola – e a morar sozinho em uma casa onde haviam cortado a luz.

Certa noite, ele estava naquela casa escura, sentindo tamanho desespero e desamparo que pegou a arma dos pais e colocou o cano embaixo do queixo. Então lhe veio à lembrança o seu professor de ciências, que também era o treinador do seu time de basquete, dizendo a ele que tudo ficaria bem. Lembrou-se das palavras do professor e de como aquele homem claramente se importava com ele e acreditava nele. Foi então que decidiu que talvez pudesse ter um futuro melhor e guardou a arma.

– Você sabe o que aconteceu com Chan? – quis saber Jane.

– Hoje ele está na casa dos 50 anos, tem uma esposa e uma família que o amam e uma carreira bem-sucedida como pesquisador da esperança, com foco em crianças negligenciadas e que sofreram abuso. Uns dois anos atrás, ele se encontrou com aquele antigo professor e contou-lhe como ele havia salvado sua vida. O professor não tinha a menor lembrança daquelas palavras salvadoras. Chan comenta que isso serve de lembrete do quanto as palavras importam, mesmo quando não temos consciência delas, e que a verdadeira lição que se pode tirar disso é que a esperança é um dom social.

Pelas conversas com Jane e minhas próprias pesquisas, eu começava a perceber que a esperança é um traço inato de sobrevivência, que parece existir no coração e na mente de todas as crianças; ainda assim, precisa ser cultivada e estimulada. Quando isso acontece, a esperança consegue criar raízes mesmo na mais terrível das situações, a exemplo daquela que Jane testemunhou em primeira mão.

– Quero lhe contar sobre um grupo do Roots & Shoots do Burundi. O Burundi, ao sul de Ruanda, também sofreu com o genocídio dos hutus. Conforme já conversamos, a recuperação ruandesa do genocídio representa uma grande fonte de esperança, mas só ocorreu por causa da forte ajuda internacional que chegou após a visita do presidente Bill Clinton.

– Eu me lembro do horror do genocídio e dos extraordinários esforços em Ruanda para perdoar e seguir em frente – comentei.

– Mas, como também mencionei, o Burundi não recebeu nada, absolutamente nada. Foi ignorado pela comunidade internacional e abandonado à própria sorte. Não surpreende, portanto, que não tenha se recuperado da mesma maneira e que sofra com conflitos permanentes e violência. O primeiro grupo do Roots & Shoots ali foi organizado por um jovem congolês cuja família foi massacrada e que conseguiu fugir pelo lago até Kigoma, na Tanzânia. Na escola que frequentou, havia um grupo do Roots & Shoots. Anos mais tarde, ao visitar o Burundi, ele decidiu implementar um programa do Roots & Shoots por lá. O grupo começou com quatro ex-soldados infantis e cinco mulheres que tinham sido estupradas. Eu me lembro de escutar o que tinham passado, sentada à mesa com eles. Ninguém entrou em detalhes, na verdade, muito pelo contrário: todos pareciam retraídos, mas eu via o sofrimento nos olhos deles. Como já fiz tantas outras vezes, tentei me colocar no lugar daquelas moças e de inúmeras outras mulheres que sofreram abusos inimagináveis. Algumas, é claro, jamais se recuperam. Apesar de tudo que tinham sofrido, aquelas jovens burundianas desejavam ajudar outras pessoas a se recuperar dos próprios traumas e lhes mostrar que havia um caminho à frente. Fiquei impressionada com esse exemplo do indômito espírito humano que podemos encontrar nos jovens em toda parte.

Jane me contou que o programa se espalhou por todo o Burundi, e pouco tempo depois dessa conversa em frente à lareira ela me enviou um maço de cartas recentes que recebera dos membros do Roots & Shoots de lá. Uma das crianças, Juslaine, escreveu: "Muito tempo atrás, o povo do Burundi não conhecia a importância do trabalho em conjunto, mas agora trabalhamos como uma família, graças aos seminários oferecidos pelos líderes do Roots & Shoots do Burundi." Outro garoto, Oscar, escreveu: "Não vivemos mais em conflito porque todos os anos comemoramos o Dia Internacional da Paz. Agora vivemos em paz com os nossos vizinhos."

Jane me contou que um dos ex-soldados infantis, David Ninteretse, inspirou vários voluntários das comunidades a implementar programas como o Tacare, que estimulavam as pessoas a abrir pequenos negócios. Ele também conseguiu estimular voluntários a criar grupos do Roots & Shoots nas escolas, muitos dos quais decidiram plantar árvores para combater o desmatamento. Um garoto chamado Eduard disse: "Minha cidadezinha parecia mais um deserto, mas agora há árvores em toda parte, e a chuva chega com frequência." Outras crianças comentaram que agora não há mais queimadas, o ar é limpo e os animais retornaram à floresta, pois a caça parou.

– Veja bem, eles aprenderam como tudo está interconectado e que sua comunidade não é formada apenas pelas pessoas ao redor, mas também pelos animais, pelas plantas e pela própria terra.

Lembrei-me do que Robert White Mountain dissera sobre como seu grupo um dia fora de protetores da terra, mas que, ao longo dos anos, eles haviam perdido essa conexão. Jane ouviu dizer que ele estava tentando reavivar essa conexão, criando uma grande horta comunitária. Pensei na moça do centro de detenção de menores, que mudou de vida depois de ler o livro de Jane, e em Hellman, que sobrevivera a uma negligência espantosa. Pensei no quanto é importante educar os jovens para cultivar a esperança e se empoderar para enfrentar os desafios do futuro. Certamente eles herdarão diversos. Embora estivesse convencido de que os jovens são uma razão importante para termos esperança, podia ver com clareza a nossa responsabilidade como adultos de lhes deixar o mundo o mais próspero e sustentável possível.

A noite avançava e ainda tínhamos que cobrir mais uma razão para se ter esperança. Jane sugeriu uma pausa na conversa, e retomaríamos na manhã seguinte. Foi difícil para mim, pois estava ansioso para conversar com Jane sobre a razão subsequente – que conseguimos encontrar mesmo quando parece não haver mais nada. Concordei e saí na noite escura até a pousada onde estava hospedado, perto do chalé de Jane.

Crianças na República Democrática do Congo no Dia Internacional da Paz. Elas estão empinando uma Pomba Gigante da Paz (os grupos do Roots & Shoots fazem isso em todo o mundo, usando lençóis velhos) a caminho de um projeto de replantio de árvores. (JANE GOODALL INSTITUTE/FERNANDO TURMO)

RAZÃO Nº 4:
O indômito espírito humano

Encontrei-me com Jane na manhã seguinte. Além dela, estavam no chalé Patrick van Veen, o presidente global do Jane Goodall Institute, a esposa dele, Daniëlle, e os dois cachorros de Jane. Ao lado de Jane, acenei em despedida para Patrick e Daniëlle, que mais uma vez haviam concordado gentilmente em se ausentar durante o dia com os cães para me deixar a sós com Jane. Então nos acomodamos perto da lareira com nossas canecas de café, ansiosos para retomar a conversa. Comecei:

– Eu estava pensando ontem à noite e achei que, antes de conversarmos sobre a última razão para se ter esperança, o indômito espírito humano, seria interessante saber como você define "espírito".

Jane refletiu por um instante e depois disse:

– Ninguém jamais me perguntou isso antes. Creio que diferentes pessoas definirão esse termo de modo bastante diverso, a depender de sua criação, educação e religião. A única coisa que posso lhe dizer é o que significa para mim. É a minha força energética, uma força interior que provém da sensação que eu tenho de estar conectada ao grande poder espiritual que sinto com tanta força, principalmente quando estou em meio à natureza.

Perguntei a Jane se essa sensação de "grande poder espiritual" vinha até ela especialmente em Gombe. Ela assentiu.

– Ah, sem dúvida. E certa vez, quando eu estava sozinha na

floresta, pensei de repente que, talvez, houvesse uma centelha desse poder espiritual em todas as formas de vida. Nós, seres humanos, com a nossa paixão por definir as coisas, nomeamos essa centelha que existe em nós mesmos de alma, espírito ou psique. Mas ali, sentada e rodeada por todas as maravilhas da floresta, pareceu-me que essa centelha animava tudo, das borboletas que esvoaçavam ao redor até as árvores gigantescas com suas guirlandas de trepadeiras. Quando estávamos conversando sobre o intelecto humano no outro dia, comentei que os povos originários, incluindo diversos povos nativos dos Estados Unidos, falam sobre o Criador e veem os animais, as flores, as árvores e até mesmo as pedras como seus irmãos e irmãs. Amo essa maneira de enxergar a vida.

Fiquei intrigado com aquela descrição e matutei em voz alta de que maneira o mundo poderia ser diferente se todos os seres humanos enxergassem os outros seres e até mesmo as pedras como dignos de respeito e cuidado, como se fossem seus irmãos.

– Seria um mundo melhor, imagino – disse Jane. – Mas é claro que não sabemos exatamente de que maneira seria diferente. Ainda não, pelo menos.

Não pude evitar um sorriso ao ouvir o esperançoso "ainda não" de Jane, dito com confiança, o que me levou de volta à conversa do dia anterior.

– O que você quer dizer com o indômito espírito humano? E por que isso lhe traz esperança?

Jane olhou para o fogo por um instante antes de responder.

– É a qualidade em nós que nos faz enfrentar o que parece impossível, e jamais desistir. Apesar das probabilidades, apesar do escárnio e da zombaria dos outros, apesar do possível fracasso. A força e a determinação para superar os problemas pessoais, a deficiência física, o abuso, a discriminação. A força interior e a coragem para perseguir um objetivo a qualquer custo pessoal na luta pela justiça e pela liberdade. Mesmo quando isso significa pagar o preço máximo: o da própria vida.

– Quais são seus exemplos preferidos de pessoas que encarnam esse espírito? – perguntei.

– Algumas me vêm imediatamente à cabeça. Martin Luther King Jr., que lutou pelo fim da discriminação racial e da desigualdade econômica e pregou a não violência, apesar de terríveis adversidades. Nelson Mandela, que ficou preso por 27 anos pela sua luta pelo fim do apartheid na África do Sul. Ken Saro-Wiwa, um nigeriano que liderou manifestações não violentas contra a poluição ambiental perpetrada pela Royal Dutch Shell e foi executado por seu governo.

Eu me lembrava da história do CEO da Royal Dutch Shell e de sua transformação, bem como da história sombria de tantas empresas que, por explorar petróleo e gás natural, haviam ameaçado o planeta. Jane continuou:

– Winston Churchill, claro, que inspirou a Grã-Bretanha a combater a Alemanha nazista, mesmo quando praticamente todos os países europeus tinham sido derrotados. Mahatma Gandhi, o advogado indiano que liderou o movimento não violento que conseguiu pôr fim ao domínio colonial britânico. E o exemplo que vem à mente dos cristãos, óbvio, é Jesus. Eu me sinto profundamente inspirada por essas pessoas que, com a própria vida, demonstraram esse espírito indômito. A influência que elas exerceram no curso da história... bem, eu não seria capaz nem de começar a analisá-la. E esses são apenas uns poucos exemplos.

– Então o indômito espírito humano é o que nos ajuda a seguir em frente mesmo quando a causa parece perdida? Algo capaz de inspirar os outros?

– Sim, exatamente. E, além desses ícones que inspiraram milhões de pessoas, há aqueles que enfrentam problemas sociais ou físicos verdadeiramente assustadores na vida pessoal. Os refugiados, que suportam grandes perigos e dificuldades para escapar da violência e, sem conhecer ninguém, conseguem criar uma nova vida para si próprios, mesmo quando enfrentam discriminação ao, finalmente, chegarem a seu destino, como é muitas vezes o caso. As pessoas com deficiências que se recusam a deixar que isso as impeça de perseguir seus sonhos. Elas também inspiram por sua coragem e determinação de superar os desafios.

Quando eu decidir escalar o Everest

– Você acredita que foi o nosso espírito indômito que nos permitiu sobreviver e prosperar? – perguntei. – Afinal, fisicamente falando, nós, seres humanos, somos os mais fracos dos primatas.

– Bem, não. Foram o nosso cérebro e a nossa capacidade de cooperação, além da nossa propriedade de adaptação, que nos permitiram vicejar. Nosso espírito indômito nos levou um pouco adiante, suponho. Porque estamos na posição singular de conseguirmos entender exatamente o que pode resultar da decisão consciente de enfrentar aquilo que nos dizem ser um curso de ação impossível.

– Você acredita que os chimpanzés têm um espírito chimpanzé indômito?

Jane riu.

– Certamente eles têm vontade de viver, tal como foi descrito pelo médico humanitário Albert Schweitzer. Uma vontade que os faz lutar para sobreviver às doenças, aos ferimentos e a uma série de desafios, como tantos outros animais, desde que estejam psicologicamente saudáveis, claro. Tal como nós, os animais podem se sentir impotentes e sem esperança. Nesse estado de desespero podem desistir ao serem confrontados com as doenças, os ferimentos e outros eventos traumáticos, como a captura. Alguns bebês chimpanzés sobrevivem a situações terríveis, ao passo que outros desistem e morrem, mesmo quando sua situação é bem menos horrenda.

– Mas você acha que essa vontade de viver é diferente do espírito indômito humano que acabou de descrever?

– Creio que, no nosso caso, significa mais do que apenas a vontade de viver ao sermos confrontados com uma ameaça à nossa vida, embora nós e os outros animais certamente compartilhemos dessa mesma vontade. É a capacidade de enfrentar deliberadamente o que pode parecer uma tarefa impossível. E não desistir mesmo quando sabemos que existe a chance de fracassar. Mesmo quando sabemos que isso pode levar à morte.

– Então esse espírito indômito requer tanto o admirável intelecto humano quanto a imaginação, além, é claro, da esperança?

– Sim – disse Jane –, e requer também determinação, resiliência e coragem.

Contei a Jane que eu tinha um modelo importantíssimo na minha vida que encarnava esse espírito indômito: meu avô.

– Ele perdeu a perna quando criança. E, mesmo com uma prótese de madeira, aprendeu dança de salão e foi um jogador de tênis competitivo! Tornou-se neurocirurgião e realizou a primeira separação de gêmeos siameses, coisa que diziam ser impossível. Na Segunda Guerra Mundial, mostrava aos recém-amputados como viver com uma prótese e garantia que eles poderiam levar uma vida significativa. Tinha um lema: "O difícil é difícil, o impossível é só um pouco mais difícil."

– Esse é um exemplo maravilhoso do espírito indômito humano – declarou Jane. – É exatamente isso.

– Derek é outro exemplo – falei, referindo-me ao seu falecido marido.

– Sim, Derek é outro maravilhoso exemplo de resiliência, determinação e espírito indômito. Ele serviu à Royal Air Force e pilotava um Hurricane quando foi abatido no Egito, na ocasião em que os Aliados estavam combatendo Rommel, a Raposa do Deserto, na Segunda Guerra Mundial. Ele sobreviveu à queda e foi resgatado, mas suas pernas ficaram parcialmente paralisadas em razão dos danos sofridos pelo sistema nervoso na base da coluna, onde fora atingido por uma bala alemã.

"Os médicos de Derek lhe disseram que jamais voltaria a andar, porém ele estava determinado a provar que estavam errados e jamais desistiu. O fato de no fim ter conseguido andar com a ajuda de uma simples bengala foi nada menos que um milagre. Uma de suas pernas tinha ficado quase inteiramente paralisada, ele precisava balançá-la para a frente com a mão a cada passo. E minha tia Olly, que era fisioterapeuta, o examinou e disse: 'Bem, na verdade, do ponto de vista anatômico, considerando todos os músculos e tudo mais, ele não deveria ser capaz nem de usar a outra perna também. Ele está caminhando por pura força de vontade.'"

– Isso é tão inspirador! Me faz lembrar o acidente do meu pai. Ele caiu de um lance de escadas cinco anos antes de morrer. Sofreu um traumatismo cerebral muito grave, que o deixou delirante por mais de um mês. Os médicos disseram que talvez jamais recuperasse

O avô de Doug, Hippolyte Marcus Wertheim, saindo do York Hospital no dia 7 de dezembro de 1936, depois de realizar a separação bem-sucedida de gêmeos siameses, cirurgia que lhe disseram ser impossível. Ele mancava em razão da perna protética.

a consciência ou voltasse a ser ele mesmo. Quando isso aconteceu, meu irmão lhe disse que sentia muito por ele ter sofrido uma experiência tão traumática, mas meu pai respondeu: "Ah, não, imagine. Isso tudo faz parte do meu currículo."

– Que ótima maneira de ver as coisas – disse Jane. – Sim, todos os desafios da vida são como os nossos currículos individuais, que precisamos nos esforçar muito para superar e seguir em frente.

– Com aquela pequena mudança de perspectiva, meu pai foi capaz de dar um novo significado, mais positivo, a uma experiência negativa. A queda e a recuperação foram dificílimas, mas os últimos cinco anos de vida dele foram de profundo crescimento psicológico e de relacionamentos ainda mais ricos com a família e os amigos. O arcebispo Tutu certa vez me explicou que o sofrimento pode nos amargurar ou nos enobrecer, e que tende a nos enobrecer se formos capazes de extrair significado dele e usá-lo para o benefício dos outros.

– Sim. E eu sei que seu filho sofreu um grave acidente recentemente e que ele também tem sido muito resiliente – disse Jane, com voz preocupada.

Era verdade. Meu filho, Jesse, sofrera um acidente surfando um mês antes de eu me encontrar com Jane na Tanzânia, e agora também enfrentava um traumatismo craniano, com fratura do osso occipital.

Derek foi gravemente ferido na Segunda Guerra Mundial, quando seu avião foi abatido. Disseram-lhe que ele jamais voltaria a andar. Ele decidiu provar que os médicos estavam enganados – e conseguiu! (JANE GOODALL INSTITUTE/CORTESIA DA FAMÍLIA GOODALL)

– Ele passou por dores extremas, mas tem demonstrado uma resiliência e uma esperança impressionantes. E, como mostram as pesquisas sobre a resiliência, ter senso de humor ajuda. Jesse começou a fazer comédia stand-up como parte do processo de cura.

– Senso de humor realmente ajuda. Eu me lembro de uma história que Derek me contou. Ele tinha acabado de sair do hospital e estava de muletas. Precisava encontrar uma pessoa no hotel Ritz. Ao se sentar, esqueceu que as duas pernas estavam engessadas, e elas se projetaram para a frente – Jane demonstrou a situação para mim, chutando as duas pernas para a frente – e derrubaram a mesa. O bule de chá, as xícaras, o leite, tudo saiu voando para todos os lados. Houve um instante de espanto constrangido, mas depois Derek começou a rir, e logo a mesa inteira, até mesmo o respeitoso garçom e as pessoas das mesas ao lado, riram também.

Pensei em todas as outras pessoas de quem eu tinha ouvido falar e que haviam superado desastres pessoais, pessoas cujas vidas são inspiradoras, que ilustram o indômito espírito humano. Perguntei a Jane se ela podia compartilhar mais exemplos comigo.

Jane me contou de Chris Koch, um canadense que nasceu sem os braços e as pernas – tinha apenas tocos no lugar dos braços e um único toquinho no lugar de uma perna. Ele se movimenta com um skate do tipo long board e literalmente não há nada que não consiga fazer: viaja sozinho pelo mundo, participa de maratonas, dirige tratores – além de ser um excelente palestrante inspiracional.

– Os pais nunca lhe disseram que ele não podia fazer o que os irmãos e as irmãs dele faziam. Sempre diziam que ele poderia fazer qualquer coisa. Nunca falaram: "Ah, isso não é para você." Os olhos de Chris brilham de inteligência e amor pela vida. Perguntei se já tinham lhe oferecido membros protéticos e ele respondeu: "Sim, já me ofereceram, mas acredito que nasci desse jeito por um motivo. Acho que vou continuar como sou." No entanto,

Chris Koch, um herói da própria vida e um perfeito exemplo de espírito indômito. (JANE GOODALL INSTITUTE/SUSANA NAME)

depois de uma pausa, ele disse: "Mas talvez eu os aceite quando decidir escalar o Everest."

Enquanto bebíamos nosso café e contávamos essas histórias, eu me senti animado só de pensar nesses exemplos do indômito espírito humano e na esperança e na coragem que propiciava.

O espírito que jamais se rende

– Você disse que Churchill era um exemplo do indômito espírito humano – falei. – Pode falar mais sobre como ele influenciou você e outras pessoas durante a Segunda Guerra Mundial?

– Sim, claro que posso. Foi o indômito espírito de Churchill e sua crença no povo britânico que inspirou as pessoas e despertou nelas a coragem e a determinação de não se deixarem derrotar por Hitler. Creio que a experiência de ter crescido durante essa guerra ajudou a moldar a pessoa que eu sou. Apesar de ter apenas 5 anos quando o conflito começou, eu sabia, ou pressentia, o que estava acontecendo. Sentia o clima. Tudo parecia sombrio e desolador, afinal, por algum tempo, a Grã-Bretanha ficou isolada após a ocupação ou a rendição da maioria dos demais países europeus. Nosso Exército não estava preparado. Nossa Marinha não estava preparada. Nossa Força Aérea era pequena, comparada com a Luftwaffe, a Força Aérea alemã.

Eu me lembro de ler a respeito dessa época terrível da história, quando parecia que Hitler venceria a guerra e ocuparia a Grã-Bretanha. Ouvindo Jane, que vivera esse período, percebi o medo que os britânicos devem ter sentido. Ela prosseguiu:

– Em meio a tanto desespero, em seus discursos Churchill compartilhou a crença de que a Grã-Bretanha jamais seria derrotada, e esses discursos trouxeram à tona o espírito combativo do povo britânico. O mais famoso foi feito quando a Alemanha invadiu e derrotou boa parte da Europa, e a situação parecia péssima para as forças aliadas. Mas Churchill inspirou o povo com suas palavras, dizendo que defenderíamos nossa ilha até o fim, que nunca desistiríamos, que enfrentaríamos o inimigo nas praias, nos campos, nas montanhas e nas ruas. Jamais nos renderíamos. Houve uma chuva de aplausos ao fim desse discurso, e enquanto isso acontecia alguém escutou Churchill murmurar para um amigo: "E vamos combatê-los com garrafas quebradas de cerveja, porque é só essa merda que temos, praticamente." – Jane riu. – Ele tinha um grande senso de humor, um senso de humor bastante britânico.

Ela continuou:

– Ele não se encolheu diante do que estava acontecendo. Nas terríveis semanas da *Blitz*, quando Londres era bombardeada todas as noites, ele visitava os abrigos antiaéreos nas estações de metrô, levando palavras de incentivo às pessoas que estavam em estado de choque com as mortes, os gritos dos feridos e a destruição dos próprios lares. Ele inspirou a renovação da esperança em todos para continuarem lutando contra Hitler até o fim.

Jane me contou do que se lembrava da Batalha da Inglaterra, de todos os jovens pilotos ingleses unidos aos pilotos canadenses, australianos e poloneses que arriscaram a própria vida dia após dia em seus Spitfires e Hurricanes. Muitos morreram lutando contra a força superior da Luftwaffe. Foi um momento decisivo da guerra. Hitler tinha percebido que a Alemanha não conseguiria dominar a Inglaterra pelo mar antes que a Luftwaffe destruísse a Força Aérea britânica. Quando ficou evidente que ele não conseguiria derrotar a Royal Air Force (RAF) nem o moral do povo britânico, suspendeu o ataque aéreo.

– As famosas palavras de Churchill sobre a RAF depois de todos os atos de heroísmo e da perda trágica de tantos jovens até hoje me emocionam – disse Jane, citando-a: – "Nunca, no campo dos conflitos humanos, tantos deveram tanto a tão poucos." Tanta gente morreu naquela guerra, Doug. Não apenas das Forças Armadas, mas milhares de civis foram mortos nas lutas e nos bombardeios. E não foram apenas os Aliados; o povo alemão também.

Ficamos em silêncio por um instante, absorvendo a verdade do que Jane acabara de dizer e em respeito aos mortos.

– Em retrospecto, qual foi a lição mais duradoura que você tirou da guerra depois que ela acabou?

– Isso remete exatamente ao que estávamos conversando. Eu estava começando a entender o que as pessoas são capazes de fazer e como uma determinação indômita pode motivar e inspirar uma nação, transformando em vitória o que parecia ser uma derrota inevitável. Eu começava a aprender que, com coragem e determinação, o impossível se torna possível.

Parei a gravação da entrevista e decidimos fazer uma breve pausa para esticarmos as pernas e pegarmos mais café. Enquanto

eu enchia nossas canecas novamente, notei que Jane estava observando um ponto do chão onde um raio de sol da manhã iluminava um padrão do tapete.
– No que você está pensando? – perguntei, recomeçando a gravação.
– Estava pensando em como o desastre e o perigo são capazes de despertar o melhor nas pessoas. A Segunda Guerra Mundial criou tantos heróis, pessoas que arriscaram a vida para salvar seus companheiros e batalhões... Todas essas medalhas por bravura, tantas entregues postumamente. Os combatentes da resistência, homens e mulheres, que por baixo dos panos lutavam contra os nazistas da maneira que podiam, muitos deles eram alemães, inclusive. E, quando eram descobertos, frequentemente se recusavam a denunciar outras pessoas que faziam parte do esquema, mesmo sob tortura. Eu costumava ficar acordada à noite, com a certeza de que não teria coragem de ficar em silêncio enquanto arrancavam minhas unhas e rezando para jamais ser colocada à prova. E houve todos os que arriscaram a própria vida para ajudar os judeus a fugirem ou que os esconderam em casa. E o heroísmo silencioso dos cidadãos londrinos, que suportaram a *Blitz* e se ajudaram mutualmente. Eles demonstraram sua determinação e seu senso de humor *cockney** dia após dia, enquanto, no entorno, suas casas eram destruídas.
– Creio que os desastres sempre levam a histórias de altruísmo e bravura. Jamais me esquecerei dos bombeiros correndo para o interior dos prédios em chamas e ruínas no Onze de Setembro, enquanto pessoas aterrorizadas, cobertas de poeira, corriam para fora. Nem de todos os trabalhadores humanitários que se apressam em ajudar quando há algum terremoto ou furacão. Nem do tanto de gente que testemunhei, no verão passado, combatendo incêndios

---

* Relativo à região londrina East End. (*N. da T.*)

espontâneos nas florestas e resgatando pessoas e animais na Austrália e na Califórnia.

– Todas essas histórias de heroísmo, coragem e autossacrifício ilustram o indômito espírito humano que, com demasiada frequência, se revela com o perigo. Claro que ele está aí o tempo inteiro, mas geralmente não acontece nada que seja capaz de convocá-lo – disse Jane.

– Imagino que exemplos do indômito espírito humano nos incitando a combater o inimigo invencível e corrigir o mal incorrigível nos tenham acompanhado ao longo de toda a história.

– É verdade. Basta pensar em Davi e Golias. E me vem à cabeça ainda outra imagem, a daquele homem solitário enfrentando os tanques do Exército chinês na Praça da Paz Celestial. Esses dois exemplos parecem simbolizar a coragem indômita que às vezes se revela quando as pessoas se levantam contra uma força aparentemente invencível. E há ainda todos os povos originários em tantas regiões da América do Sul, que estão se insurgindo contra os interesses escusos dos governos e dos grandes negócios para defender suas terras tradicionais do garimpo e da exploração madeireira. Eles estão prontos para sacrificar a vida por isso, e é o que com frequência fazem.

– É verdade. Mesmo tendo assistido a atos terríveis de crueldade e cobiça na política ultimamente, sempre vemos pessoas dispostas a se arriscarem a ser presas, espancadas, torturadas e até mesmo mortas por resistir à tirania, à injustiça e ao preconceito.

– Pense no primeiro movimento sufragista na Inglaterra, liderado pela Sra. Emmeline Pankhurst, quando as mulheres se amarraram às grades em frente à Casa dos Comuns lutando pelo direito de votarem. E pense em quantas pessoas em todo o mundo se amarraram a árvores, ou subiram em seus galhos, para tentar proteger a floresta das escavadeiras.

– Outro exemplo inspirador é o de Standing Rock – falei,

referindo-me aos protestos contra a construção do oleoduto na Dakota do Norte, que ameaçaria a principal fonte de água da Reserva Sioux de Standing Rock e destruiria seus locais sagrados. A polícia usou spray de pimenta, gás lacrimogêneo, balas de borracha e até lançou água nos manifestantes no meio do inverno congelante, mas ainda assim eles não desistiram. Agora, pensando nisso, vejo que foram os jovens que lideraram aquela ocupação em Standing Rock.

– Ah, Doug, existem tantos heróis negligenciados. Tantos exemplos do indômito espírito, o espírito que jamais desiste ou se rende, e tantos exemplos que provavelmente jamais chegarão a ser contados. Há os pacifistas, que se recusam a lutar pelo país, mas arriscam a vida diariamente dirigindo ambulâncias no campo de batalha para resgatar os feridos. Os jornalistas que arriscam a liberdade e a vida para se pronunciar contra a corrupção e a brutalidade em regimes tirânicos, delatores que se sentem compelidos a revelar a verdade sobre as abominações que acontecem a portas fechadas em poderosas corporações, pessoas corajosas que filmam escondido o que se passa no interior das fazendas industriais ou capturam cenas de brutalidade nas ruas.

Jane fez uma pequena pausa antes de prosseguir.

– E eu adoro a história de Rick Swope, que arriscou a vida ao salvar um chimpanzé, Jo-Jo, de morrer afogado no fosso que rodeava seu cativeiro no zoológico. Jo-Jo era um macho adulto que tinha vivido sozinho por muitos anos e tentava se adaptar a um grande grupo de chimpanzés. Quando um dos machos do alto escalão hierárquico o atacou para garantir a liderança, Jo-Jo ficou tão aterrorizado que conseguiu escalar a barreira erguida tempos antes para evitar que os animais se afogassem nas águas profundas do fosso que rodeava o cativeiro. Mas, talvez isso não seja novidade para você, os chimpanzés não sabem nadar. Jo-Jo desapareceu sob as águas, emergiu uma vez e então sumiu. Várias pessoas, incluindo um cuidador, observavam a cena, mas somente Rick mergulhou, enquanto sua esposa, horrorizada, e os três filhos assistiam a tudo! Ele conseguiu agarrar o grande macho, erguê-lo de alguma maneira acima da barreira e empurrá-lo para a margem. A essa altura, três machos grandes estavam chegando para atacá-lo, os pelos eriçados, e Rick se virou para pular a grade. Jo-Jo estava vivo, mas enfraquecido, e começou a deslizar de volta para a água. No vídeo feito por um visitante, vemos Rick se deter. Ele olha para a esposa, os filhos e o cuidador, que berravam para que saísse do fosso. Mas então ele voltou, empurrou o chimpanzé de novo para cima e ficou por perto até Jo-Jo agarrar um tufo de grama e conseguir chegar a um nível mais elevado. Por sorte, os três machos simplesmente ficaram só olhando.

Era uma história fascinante. Jane continuou:

– Mais tarde, Rick foi entrevistado. Perguntaram a ele por que tinha feito aquilo, mesmo sabendo do perigo que corria. "Bem, sabe o que é? Por acaso olhei nos olhos dele, e foi como olhar nos olhos de um homem", disse ele. "E a mensagem era: 'Ninguém vem me ajudar?'" Foi esse mesmo olhar das pessoas vulneráveis e oprimidas que despertou o altruísmo humano e levou a tantos atos heroicos.

– É uma história incrível. Obviamente, as ações de Rick provam que nosso código moral se estende muito além da ajuda aos semelhantes. Ele não poderia esperar reciprocidade da parte de Jo-Jo! Acho que essa história ilustra muito bem a coragem e o respeito pela vida necessários para transformar a nossa sociedade. Você acha que esse tipo de respeito e coragem pode nos ajudar a superar nossos problemas?

– Tenho certeza absoluta de que isso pode ajudar – respondeu Jane. – Claro, existe um problema: podemos ver essa mesma coragem e o mesmo desprendimento em pessoas que passaram por uma lavagem cerebral. Pense nos homens-bomba suicidas que

Imagem do vídeo que mostra Rick Swope resgatando Jo-Jo depois que o chimpanzé caiu no fosso do zoológico. (YOUTUBE)

acreditam que serão recompensados no paraíso por explodirem inocentes. Na verdade, os atos heroicos são realizados por pessoas dos dois lados de uma mesma questão. Isso mostra a importância dos entornos culturais e religiosos em que as pessoas são criadas.

– Mas no que diz respeito à desoladora situação ambiental que enfrentamos atualmente, você acredita que poderíamos nos unir e usar essa mesma energia e determinação para lidar contra a mudança climática e a perda de biodiversidade?

Jane não respondeu de imediato: estava obviamente refletindo sobre a questão e bastante preocupada.

– Para mim, não há dúvida de que sim. O problema é que ainda há poucas pessoas conscientes do perigo que estamos enfrentando, um perigo que ameaça destruir completamente nosso mundo. Como fazer com que mais gente ouça as advertências desesperadas daqueles que vêm combatendo esse risco há tanto tempo? Como fazer com que elas tomem uma atitude? É por isso que eu viajo por todo o mundo: para tentar despertar as pessoas, conscientizá-las do perigo, e ao mesmo tempo garantir que existe uma janela de tempo em que nossas ações podem começar a curar o mal que infligimos. Usando nossa inteligência, contando com a resiliência da natureza. Incitando todos a agirem. Quando falo para plateias, começo descrevendo o perigo bastante real que temos à frente, mas depois enfatizo que ainda existe uma janela de tempo, que existe esperança, sim, de obtermos êxito.

– Conversamos bastante sobre a resiliência da natureza. Você acha que o indômito espírito humano está ligado à resiliência?

– Ora, mas é claro. Afinal, tudo está inter-relacionado. Por isso, embora frequentemente a coragem do indômito espírito se revele em momentos de tragédias, como já falamos, isso não vale para todos. Algumas pessoas sucumbem. E acredito, sinceramente, que isso esteja relacionado à resiliência e ao fato de você ser pessimista ou otimista.

Estimulando o espírito indômito nas crianças

O sol de inverno continuava iluminando o chalé. Enquanto Jane refletia sobre a relação entre a resiliência e o indômito espírito humano, eu me perguntava se as crianças podiam aprender a se tornar mais indômitas (ou, pelo menos, receber alguma ajuda nesse processo), ficando mais aptas a lidar com os desafios inevitáveis da vida à medida que crescem. Os pais de Chris Koch, o homem que nasceu sem as pernas e os braços, fizeram isso de modo brilhante. Eles estimularam no filho a autoconfiança e a força mental para que obtivesse sucesso. Mencionei o exemplo de Chris para Jane.

– Ah, sim, tenho certeza de que a autoconfiança faz parte da resiliência e de que a criação de uma pessoa desempenha um papel muito importante. Quando penso em outras crianças que superaram deficiências físicas, vejo que quase todas contaram com o apoio de ao menos um dos pais ou de algum outro adulto que estava ali para o que desse e viesse.

– E, é claro, enquanto algumas pessoas enfrentam adversidades físicas, como Chris e Derek, e meu pai e meu filho, existem as que lutam e superam traumas relativos a guerras, abuso infantil ou violência doméstica; traumas que deixam cicatrizes psicológicas.

Jane assentiu.

– Suponho que, em todos esses casos, sempre haverá pessoas resilientes e outras desprovidas dessa característica. Não se sabe ao certo o motivo. Talvez algumas pessoas que sejam geneticamente predispostas ao pessimismo não tenham recebido uma educação amorosa o suficiente para estimular a resiliência e a esperança.

Compartilhei com Jane que as pesquisas sobre a resiliência têm uma conexão interessante com as pesquisas sobre a esperança. A resiliência psicológica é a capacidade de lidar com as crises, manter a calma e superar esses incidentes sem desenvolver consequências negativas a longo prazo. Tal como um ecossistema resiliente, que se recupera depois de um desastre natural ou de uma perturbação causada pelo ser humano, as pessoas resilientes conseguem se recuperar – embora isso possa levar tempo, a depender da gravidade do trauma. Então falei:

– De maneira geral, uma pessoa resiliente é capaz de prosseguir, e até se fortalecer, após uma adversidade. Essas pessoas são mais esperançosas e podem enxergar os desafios como oportunidades.

– É muito triste que algumas pessoas consigam lidar com esse tipo de coisa, e da maneira mais admirável, ao passo que outras desistem, tornam-se amarguradas ou deprimidas, e podem até mesmo se suicidar ou tentar o suicídio, principalmente quando não têm amigos ou familiares com quem contar.

– Pode haver algumas exceções – pontuei –, mas, no geral, acho que concordamos sobre a importância do cuidado, da segurança e da atenção constantes, quando se trata de estimular a resiliência nas crianças. Pela sua experiência, você acredita que isso também seja verdadeiro no caso dos chimpanzés?

– Acredito – respondeu Jane. – Conhecemos chimpanzés que foram arrancados das mães, sofreram abusos quando pequenos e nunca se recuperaram. Alguns foram treinados à base de castigos severos para se apresentar em espetáculos de entretenimento, outros foram confinados em jaulas vazias em laboratórios de pesquisas médicas. Mesmo depois de resgatados, nunca mais foram capazes de se integrar a um grupo normal de chimpanzés. E eles podem apresentar algo que certamente se configura como transtorno de estresse pós-traumático. Tinha uma fêmea que ficava olhando para o vazio, berrando histericamente sem parar. Ela havia sido separada da mãe quando filhote e criada em um laboratório, privada de amor. Em comparação, quando filhotes traumatizados cujas mães foram assassinadas na natureza chegam a um de nossos santuários e imediatamente recebem amor e carinho, em geral se recuperam com certa rapidez.

Como o indômito espírito humano ajuda a nos curar

– É maravilhoso saber que a resiliência pode ser universal – comentei. – Também fiquei impressionado com os exemplos que você compartilhou comigo ontem, de como pessoas que sofreram abusos terríveis podem, às vezes, superar seus traumas e depois se dedicar a ajudar outras pessoas que ainda estão em dificuldades.

– Acho que você está se referindo às moças do Burundi que foram capturadas e estupradas, e aos rapazes que tinham sido obrigados a se tornar soldados na infância. Com terapia, eles foram capazes de enfrentar o que aconteceu, encontrar a força para seguir adiante e, depois, concluir que desejavam usar suas experiências para ajudar outras pessoas que lutavam para se libertar do desespero e da raiva. E, claro, ajudar os outros é algo que colabora com o próprio processo de cura.

Jane disse que recebe "uma boa quantidade de cartas" de pessoas que estão tentando lidar com adversidades – às vezes são pais de crianças com doenças incuráveis ou graves; outras vezes, pessoas que foram abusadas quando criança e ainda tentam se recuperar, e, com frequência, pessoas que perderam a esperança por causa dos danos ao meio ambiente. Ela contou que costuma telefonar ou escrever para pessoas com problemas físicos ou mentais.

– E o que elas querem de você? – perguntei.

– Ajuda, apoio. É uma enorme responsabilidade, e, para ser sincera, às vezes é estafante. Ao mesmo tempo, é um privilégio, porque, com frequência, elas dizem que conversar comigo as ajuda muito. Falam que minha voz é calma e pacificadora. Não entendo o motivo, mas passei a aceitar isso como um dom que recebi. E me sinto compelida a usá-lo. Ele me proporcionou um entendimento profundo das dificuldades e dos traumas que as pessoas enfrentam, além de uma verdadeira admiração pela maneira como elas lidam com o que lhes aconteceu, com determinação e coragem. É o espírito indômito!

Jane me contou de uma moça que lhe escreveu uma carta com uma notificação policial pedindo informações que ajudassem a localizar uma pessoa desaparecida.

– Vamos chamá-la de Anne. A pessoa desaparecida era a irmã mais velha de Anne, que tinha sido vista pela última vez entrando no carro de um homem em um posto de gasolina durante uma terrível tempestade. Isso tinha acontecido 32 anos antes.

Jane disse que Anne idolatrava a irmã mais velha, uma das poucas influências estabilizadoras ao longo da infância problemática.

– Quando a conheci, ela não estava muito coerente, mas, na carta que me enviou, me pedia para assinar um abaixo-assinado que solicitava a reabertura do caso da irmã. Sua letra era tão pequena que quase precisei de uma lupa para ler. Escrevi em resposta, e ela me disse que, das quarenta pessoas a quem tinha pedido ajuda, eu fui a única que respondeu.

Elas começaram a se corresponder e Jane, por fim, deu seu número de telefone para Anne.

– Ela me ligava três ou quatro vezes seguidas, e sempre estava chorando no início da conversa. A cada vez, sua voz era muito diferente. Eu tinha lido bastante sobre transtornos mentais e percebi que ela havia desenvolvido múltiplas personalidades, uma maneira reconhecida de lidar com traumas extremos.

Jane explicou o trauma horrendo pelo qual Anne passara. Quando ela estava com 2 anos, o pai voltou da Guerra do Vietnã e passou a abusar fisicamente da esposa, que desenvolveu depressão crônica e teve que ser internada. Anne e a irmã foram então morar com o pai, que se casara novamente. Ao longo dos dez anos seguintes, Anne sofreu horríveis abusos sexuais por parte do pai e foi vítima de violência doméstica cometida por ele e por sua nova esposa. A irmã, por algum motivo, escapou desse tratamento. Quando recebeu alta, a mãe de Anne criou um lar para as duas filhas – Anne tinha 12 anos na época. E então, justamente quando ela experimentava uma vida familiar normal, sua irmã desapareceu quando estava a caminho de casa para celebrar o Dia de Ação de Graças. Não admira que Anne se encontrasse em um estado tão terrível.

– Era inacreditável. Eram 22 personalidades distintas. Quando passou a confiar em mim, ela desenhou as três árvores genealógicas das suas diversas personalidades, que iam de criancinhas a adultos. E, como eu disse, quando Anne me ligava, o que acontecia com frequência, falava com vozes diferentes. Às vezes ela desligava. Depois ligava de volta com uma voz totalmente distinta, a voz de uma criança pequena, por exemplo. Eu perguntava: "Quem você é dessa vez, Anne?" Por fim, eu a incentivei a escrever os detalhes dos abusos terríveis que ela sofreu.

Depois, preocupada por ter dado um conselho que não estava qualificada a dar, Jane escreveu para o Dr. Oliver Sacks, o eminente neurologista que se especializara em transtornos mentais.

– Expliquei a ele o estranho caso de Anne e que eu havia lhe dito para escrever sobre algumas de suas experiências terríveis. Mas não sabia se fizera a coisa certa. E ele disse: "Com certeza fez. Digo a todos os meus pacientes para carregarem consigo um caderno e escreverem todos os pensamentos ruins que lhes ocorrerem de repente. Isso os ajuda a enfrentá-los." Ele também me disse que nunca tinha ouvido falar de ninguém com tantas personalidades diferentes.

Anne fez o que Jane sugeriu.

– Agora não preciso mais de uma lupa para ler as cartas dela. Ela não me liga mais com tanta frequência. Está morando com a mãe e trabalha em uma escola infantil para crianças de famílias carentes, que a adoram. E ela também encontra conforto na presença dos seus dois gatos. Conseguiu fazer com que reabrissem o caso da irmã e chegou até mesmo a se preparar para fazer aparições públicas em prol dos que conhecem a dor de ter uma pessoa querida desaparecida.

Eu me senti emocionado e inspirado pelo modo como aquela moça estava curando o trauma de seu passado e pela maneira como Jane encontrara tempo para ajudá-la em meio a tantas viagens.

– A coisa não se resumia a desejar ajudá-la – disse Jane, como se quisesse dissipar a impressão de ser a Madre Teresa. – Eu também estava absolutamente fascinada pela história dela. Sempre fui fascinada pela mente e seus problemas.

– Parece que foi a naturalista que existe em você, então – comentei. – O que aprendeu ao trabalhar com Anne?

– Bem, ela foi um exemplo maravilhoso de como nosso espírito indômito é capaz de combater os piores abusos e sofrimentos e tornar a engendrar uma nova pessoa.

Jane dissera que a esperança era uma característica de sobrevivência, e agora eu começava a entender o motivo. De alguma maneira, ela conseguiu dar esperança a Anne, que assim iniciou sua jornada de cura. Quando enfrentamos adversidades, é a esperança que nos dá confiança para convocar o nosso espírito indômito e superá-las.

Parecia que estávamos retornando às nossas conversas iniciais sobre a esperança – sobre como a resiliência está conectada à crença de que podemos fazer a diferença, tanto em nossa vida quanto na dos outros, e como a esperança nos dá, de fato, a vontade não apenas de curar a nós mesmos, mas também de fazer do mundo um lugar melhor. Então, depois de um silêncio compartilhado, Jane disse:

– Acho que uma das coisas mais importantes em todo esse processo é contar com uma rede de apoio, que pode, aliás, incluir os animais. Lembre-se dos gatos de Anne.

Precisamos uns dos outros

– Sim, é bem verdade – comentei. – Minhas pesquisas sobre resiliência demonstraram a importância do apoio social em tempos difíceis, quanto ele é necessário para ajudar as pessoas a superarem a depressão e o desespero e reencontrarem a esperança.

– Ah, sim, e você me fez lembrar de um exemplo maravilhoso – disse Jane com um sorriso. Eu me acomodei no meu assento para desfrutar de mais uma história. – Foi algo que ouvi em uma das minhas visitas à China. É sobre dois homens extraordinários. Espere, preciso checar os nomes deles.

Jane abriu seu laptop.

– Aqui estão: Jia Haixia e Jia Wenqi. – Jane soletrou os nomes para mim, depois fechou o laptop e começou a contar uma história que evidentemente amava.

– Eles moram em uma cidadezinha na China rural e são amigos desde crianças. Haixia é cego de nascença de um olho e perdeu a visão do outro em um acidente de fábrica. Quando Wenqi tinha apenas 3 anos, perdeu os dois braços ao tocar um fio de alta tensão caído no chão. Ao perder completamente a vista, Haixia ficou muito deprimido e Wenqi percebeu que ele precisava encontrar algo que os dois pudessem fazer para conferir propósito à vida do amigo. Àquela altura, os dois tinham 30 e poucos anos. Não sei quanto tempo Wenqi levou para pensar em um plano, mas, de repente, ele teve a resposta. Os dois já haviam conversado bastante sobre como a degradação das terras ao redor da cidade onde moravam tinha aumentado desde que eram crianças. As pedreiras haviam poluído os rios, matando os peixes e outras formas de vida aquática, e as emissões das indústrias tinham poluído o ar.

Jane prosseguiu:

– Imagino Wenqi contando ao amigo que os dois deveriam plantar árvores. E aposto como Haixia deve ter ficado incrédulo de início: como iriam fazer isso? Não tinham dinheiro, ele era cego e Wenqi não tinha braços. Wenqi já tinha a resposta: ele seria os olhos de Haixia e Haixia seria seus braços. Eles não tinham recursos para comprar sementes ou mudas, portanto resolveram usar galhos cortados das árvores. Haixia cortava, enquanto Wenqi o direcionava. E eles caminhavam de um lado a outro com Haixia segurando uma das mangas de camisa vazias de Wenqi. No começo deu tudo errado. Eles ficaram empolgados por terem conseguido plantar cerca de oitocentas dessas mudas no primeiro ano, mas imagine como se sentiram quando a primavera chegou e somente duas tinham vingado. A terra simplesmente estava seca demais. Nesse ponto, Haixia quis desistir, mas Wenqi lhe disse que isso não era uma opção: eles precisavam apenas encontrar uma maneira de regar as árvores. Não sei como eles fizeram isso, mas fizeram. Plantaram mais mudas, e dessa vez a maioria brotou.

Jane disse que, juntos, os dois já plantaram mais de 10 mil árvores. No início, os demais habitantes da cidade ficaram céticos, segundo ela me contou, mas, agora, ajudam a cuidar daquelas árvores tão especiais. E ela tinha mais a dizer:

– Fizeram um documentário sobre os dois, e eu me lembro de assistir a uma parte na qual Wenqi diz que, se eles trabalhassem fisicamente juntos e se unissem espiritualmente, poderiam fazer qualquer coisa. E disse ainda que... Espere um pouco. – Jane abriu o laptop mais uma vez. – Sim, aqui está o que ele disse: "Embora sejamos fisicamente limitados, o nosso espírito não tem limites. Então, que a geração depois da nossa, e todas as demais pessoas, vejam o que dois deficientes físicos conseguiram realizar. Mesmo quando já não estivermos mais aqui, elas saberão que um cego e um homem sem braços deixaram uma floresta como herança." Este é um exemplo maravilhoso de como a amizade pode dar esperança aos desesperançados. Ele ilustra de maneira magnífica o que pode ser alcançado pelo indômito espírito humano.

– O que você está dizendo, então, é que uma pessoa determinada que enxergue o caminho a seguir inspira as outras, de modo que todas atuem sobre um problema juntas?

Uma história da China rural. Juntos, Jia Haixia e Jia Wenqi – um homem cego e o outro sem braços – plantaram mais de 10 mil árvores para ajudar a recuperar as terras degradadas ao redor da sua cidade. Isso é espírito indômito. (REPÓRTER DA AGÊNCIA DE NOTÍCIAS XINHUA/ACERVO FOTOGRÁFICO DA GLOBAL CHINA)

– Sim. E outra coisa muito importante é ajudar as pessoas a perceber que, como indivíduos, elas importam. Que cada uma tem um papel a desempenhar. Que elas nasceram por um motivo.

– E essa sensação de significado é importantíssima para a esperança e a felicidade, não é?

– Sim! Sem significado, a vida é vazia, e um dia se segue ao outro, um mês se segue ao outro, e um ano se segue ao outro em uma sucessão indiferente.

– É o caso das pessoas que perderam a esperança – observei.

– Mas, às vezes, é possível despertá-las dessa vida aparentemente indiferente com uma história muito boa, uma história que atinja o coração delas e as faça acordar. Um dos meus exemplos preferidos é ficcional, mas parece bastante apropriado agora. É o do *Senhor dos Anéis*.

– Por que essa história é apropriada para os desesperançados? – perguntei.

– O fato de que a força contra a qual os heróis se insurgiram parecia absolutamente invencível: a força de Mordor, dos orques e dos Cavaleiros Negros em seus cavalos e depois em enormes monstros voadores. Mas Samwise e Frodo, dois pequeninos hobbits, viajaram sozinhos até o coração do perigo.

– Este é um exemplo do indômito espírito hobbit?

Jane riu.

– Acho que ele nos fornece um esquema de como sobreviver e reverter as mudanças climáticas e a perda de biodiversidade, a pobreza, o racismo, a discriminação, a ganância e a corrupção. O Senhor Sombrio em Mordor e os Cavaleiros Negros simbolizam todo o mal que precisamos combater. A Sociedade do Anel inclui todos os que estão lutando o bom combate. Precisamos nos esforçar muitíssimo para fazer essa irmandade crescer ao redor do mundo.

Jane observou que a Terra-média estava poluída por uma

indústria destruidora, da mesma maneira que nosso meio ambiente está devastado hoje. E me lembrou que a Senhora Galadriel entregou a Sam uma caixinha com terra do pomar dela.

– Você se lembra de como ele usou esse presente quando examinou a paisagem devastada depois que Sauron finalmente foi destruído? Ele começou a salpicar bocadinhos de terra por todo o país. Em toda parte, a natureza retornou à vida. Bem, aquela terra representa todos os projetos que as pessoas estão fazendo para restaurar os hábitats do planeta Terra.

Achei a metáfora de Jane ao mesmo tempo consoladora e inspiradora, enquanto imaginava todas as iniciativas pequenas, e muitas vezes humildes, que pessoas de todos os cantos vinham tomando como parte da recuperação dos danos causados por nós. O fogo tinha diminuído, mas a sala e o rosto de Jane ainda estavam iluminados pelo sol, que agora se punha. Parecia uma imagem adequada para encerrar a conversa – pelo menos a daquele dia.

Ainda havia um último tópico sobre esperança que eu desejava explorar com Jane, algo que havia muito tempo me interessava. Eu queria saber a respeito da jornada de Jane até se tornar um ícone mundial. Como ela havia se transformado em uma mensageira global da esperança?

Essa última conversa sobre a jornada pessoal de Jane teria, porém, que esperar até a nossa próxima visita. Planejamos nos encontrar dali a alguns meses, quando eu poderia, então, conversar com ela na casa onde tinha passado sua infância, em Bournemouth – o que me pareceu ideal, uma vez que eu desejava saber sobre seus primeiros anos de formação. Quando nos despedimos com um abraço e eu saí do chalé sob o sol poente, era dezembro de 2019. Mal sabíamos nós, ao nos despedirmos na Holanda, como a nossa conversa sobre a esperança teria que esperar. E quanto se tornaria ainda mais urgentemente necessário conversar sobre esse assunto.

3

Tornando-se mensageira da esperança

Segundo Jane, as pessoas sempre comentaram sobre seus olhos, dizendo que ela parecia ter uma sabedoria antiga. Uma "alma velha", foi assim que uma mulher certa vez a descreveu. (JANE GOODALL INSTITUTE/CORTESIA DO TIO DE JANE, ERIC JOSEPH)

A jornada de uma vida inteira

Como tantos outros encontros, comemorações e reuniões ao redor do mundo, o plano de visitar Jane na casa de sua infância em Bournemouth teve que ser cancelado por causa da pandemia. Somente no outono de 2020 pudemos retomar nossa conversa. Conversamos pelo Zoom – Jane realmente estava em Bournemouth, enquanto eu estava do outro lado do mundo, em minha casa na Califórnia. Àquela altura, o vírus causara enormes danos econômicos e emocionais, deixando um rastro de mortes e devastação. Poucos dias antes, eu comparecera ao enterro do meu companheiro de quarto da faculdade. No início da pandemia, ele tinha perdido o emprego e entrara em depressão. Outro colega da faculdade e eu vínhamos tentando apoiá-lo diante de sua desorientação e do sentimento de perda, mas, no fim, descobrimos quanto ele de fato havia perdido as esperanças. Ele parecia estar se recuperando e nos disse que não precisava mais que fôssemos visitá-lo ou ajudá-lo, porém, dois dias depois de nossa última conversa, suicidou-se com um tiro.

O luto pelo meu amigo querido era parte de uma tendência mundial: as mortes por desespero aumentavam de uma maneira terrível à medida que as pessoas lutavam para combater o sentimento de inadequação e o isolamento trazido pela pandemia. Poucos meses depois, um jovem amigo da nossa família morreria de overdose. Uma pandemia de problemas de saúde mental se espalhava tão rapidamente quanto o vírus. Muitas pessoas se sentiam golpeadas todos os dias por uma nova crise e por novas ondas de dor e sofrimento. Ver o rosto de Jane, ainda que em uma tela, foi um cálido raio de esperança em meio ao meu luto. Seus cabelos grisalhos estavam presos no costumeiro rabo de cavalo, e ela vestia a mesma camisa verde-oliva que tinha usado na Tanzânia. Parecia uma guia de excursão pela natureza, e, de fato, durante a elaboração deste nosso livro, ela havia me conduzido a muitas das mais belas aspirações e aos medos mais sombrios tanto do nosso mundo quanto da natureza humana, como se estivéssemos rastreando a esperança e enfrentando o desespero.

– É maravilhoso ver seu rosto depois de ir àquele funeral terrível. – Foi a primeira coisa que eu disse quando nos conectamos.

– Sinto muitíssimo, Doug. Perder alguém que amamos é sempre difícil, mas o suicídio é uma perda especialmente dolorosa.

Jane estava sentada a uma "escrivaninha" improvisada – um caixote sobre uma caixa maior apoiada sobre uma mesinha. As prateleiras atrás dela eram uma colagem de fotos de família, lembranças de suas viagens e boa parte dos livros que ela lera quando criança, incluindo os do Dr. Dolittle e do Tarzan, *O livro da selva*, de Rudyard Kipling, que relatava como Mogli fora criado por animais selvagens na Índia, e uma coleção de obras de filosofia e poesia, lembretes da curiosidade da Jane adolescente.

– Sinto muito por você não ter podido vir me visitar, mas deixe eu lhe mostrar meu pequeno esconderijo no sótão.

Ela caminhou com o laptop pela sala para me apresentar a algumas das pessoas e das recordações que mais importavam para ela.

– Esta é a mamãe – disse Jane, apanhando uma foto emoldurada de sua mãe com cabelos escuros e camisa marrom. – E este é Grub, com uns 18 anos – disse, apontando uma foto de seu filho.

O cabelo de Grub estava curto e ele parecia olhar para o futuro à sua frente através de óculos sem armação. Jane continua:

– E este é o tio Eric. – Ele tinha cabelos escuros e um olhar sério e penetrante.

A mãe de Jane. (MICHAEL NEUGEBAUER/WWW.MINEPHOTO.COM)

Agora eu "via" todos os familiares de Jane que já havia conhecido durante as nossas conversas. Ela me apresentou ainda a sua avó Danny, uma senhora idosa de rosto gentil e expressão ao mesmo tempo determinada e sábia, em um grande retrato em preto e branco. Depois veio a sua tia, conhecida por todos como Olly, apelido de seu nome galês, Olwen. E um retrato emoldurado do avô que Jane não conheceu, por ter morrido antes de ela nascer, um rosto sério porém simpático, projetando-se da sua gola

Rusty, "professor" de Jane.
(JANE GOODALL INSTITUTE/CORTESIA DA FAMÍLIA GOODALL)

clerical. Finalmente, fotos de seus dois maridos, Hugo e Derek, e um grande retrato emoldurado de Louis Leakey.

A coleção de Jane tinha fotos de animais e de pessoas. Ela apontou para uma foto de si mesma adolescente, com roupas de montaria e um cachorro preto com uma mancha branca no peito sentado ao seu lado.

– Este aqui é o Rusty. Mas deixe eu lhe mostrar o retrato dele.

Ela aproximou a foto da tela do laptop e então pude ver os olhos claros e cheios de inteligência do cão.

– Ele era tão especial! Mais inteligente do que qualquer outro cachorro que conheci. Foi ele quem me ensinou que os animais têm uma mente capaz de resolver problemas, além de emoções e personalidades bastante definidas, algo que, é claro, me ajudou enormemente quando comecei a estudar os chimpanzés... E aqui temos David Greybeard. – Vi o queixo branco distinto do primeiro chimpanzé que perdeu o medo dela, aquele que lhe mostrou que não eram apenas os seres humanos que fabricavam e utilizavam ferramentas. – E Wounda – acrescentou Jane.

Reconheci a imagem do vídeo do carinhoso abraço interespécies que tinha viralizado. Wounda tinha sido raptada de seu lar por caçadores ilegais que buscavam carne selvagem, e, ao ser resgatada por um dos centros de reabilitação de chimpanzés do JGI, estava à beira da morte. Depois de re-

Uma das experiências mais incríveis de Jane: Wounda deu-lhe um longo abraço, no mesmo dia em que haviam se conhecido.
(JANE GOODALL INSTITUTE/ FERNANDO TURMO)

ceber a primeira transfusão de sangue entre chimpanzés da África, recebeu cuidados até recuperar a saúde e foi então levada a uma ilha de proteção ambiental na República Democrática do Congo. Ao sair da caixa de transporte, ela se virou e abraçou Jane longamente. Segundo Jane, essa foi uma das experiências mais incríveis que ela já viveu. Depois disso, Wounda tornou-se uma fêmea-alfa e deu à luz um filhote chamado Hope (esperança, em inglês).

– E aqui em cima – disse Jane, inclinando o laptop – estão alguns animais de pelúcia especiais. Ganho bichos de pelúcia aonde quer que eu vá, a maioria chimpanzés, claro!

Wounda antes e depois.
(JANE GOODALL INSTITUTE/ FERNANDO TURMO)

Ela apanhou um tordo-negro da ilha de Chatham (*Petroica traversi*), espécie milagrosamente salva da extinção, sobre a qual havia me falado em uma de nossas entrevistas. Apontou mais alguns brinquedos que representavam espécies em risco de extinção que as pessoas estão lutando para salvar. Então, de uma cadeira ao lado da sua escrivaninha, ela apanhou um macaco de aparência esquisita segurando uma banana. Eu o reconheci no mesmo instante: era o Famoso Sr. H.

– Eu o ganhei de Gary Haun há 25 anos. Gary ficou cego aos 21 anos, depois de um acidente que sofreu quando era fuzileiro naval. Por algum motivo, resolveu que se tornaria um mágico.

Alguns dos bichos de pelúcia que Jane ganhou em suas viagens pelo mundo. (JANE GOODALL INSTITUTE/JANE GOODALL)

"Não dá para ser um mágico se você for cego!", disseram-lhe as pessoas. Mas a verdade é que ele é tão bom nisso que as crianças para quem se apresenta nem percebem que ele é cego. Ao terminar seu show de mágica, ele revela sua cegueira e diz a elas que, se as coisas derem errado, não podem desistir, pois sempre existe um caminho. Ele pratica mergulho profissional e paraquedismo, e aprendeu sozinho a pintar.

Jane apanhou um livro, *Blind Artist* [Artista cego] e abriu em uma página que mostrava uma imagem do Sr. H. Fiquei impressionado por ter sido feita por um homem que jamais tinha visto aquele bicho de pelúcia – apenas o tocara.

– Gary achou que tinha me dado um chimpanzé, mas eu o fiz segurar a cauda do macaco, e, claro, os chimpanzés não têm cauda. "Tudo bem", disse ele, "leve-o aonde você for e eu estarei com você em espírito." Portanto, o Sr. H. já me acompanhou em 61 países e pelo menos 2 milhões de pessoas já tocaram nele, porque eu digo que, se o tocarem, sentirão aquela mesma inspiração. E vou compartilhar com você um segredo que conto às crianças: todas as noites, o Sr. H. come uma banana, mas é uma banana mágica, que reaparece de novo de manhã.

Ela deu aquele sorriso travesso, cúmplice, e apanhou mais quatro brinquedos.

– Deixe-me apresentar Leitão, Vaca, Ratinho e Octavia, a Sra. Polvo. Assim como o Sr. H., eles também são meus companheiros de viagem.

Gary Haun, o mágico cego que deu o Sr. H. a Jane. Ele chama a si mesmo de O Incrível Haundini! (ROGER KYLER)

Perguntei a Jane por que eram especiais.

– Eles ilustram alguns momentos das minhas palestras. Uso a Vaca quando estou falando sobre fazendas industriais, principalmente quando converso com crianças e quero explicar como as vacas produzem metano, gás tóxico do efeito estufa. – Ela riu e, levantando a Vaca, demonstrou, apontando para a boca do animal. – A comida entra por aqui e, quando é digerida, cria metano. – E ergueu a cauda de Vaca para mostrar de onde saía o gás. – Conto que as vacas também arrotam. Sempre há muitas gargalhadas. O Ratinho eu uso quando falo sobre como os ratos são inteligentes, e principalmente como o rato-gigante-africano (*Cricetomys gambianus*) foi treinado para detectar minas terrestres ainda ativas que são deixadas após uma guerra civil.

Eu sabia quantas pessoas já tinham perdido o pé ou a perna por terem pisado em uma mina. Jane me contou que o Leitão e

O Sr. H. é muito famoso. Todos, sobretudo as crianças, querem tocá-lo.
(ROBERT RATZER)

Octavia também eram animais que ela usava ao fazer palestras sobre a inteligência animal.

Ela também apontou para várias lembranças de sua vida "na estrada", quando, antes da pandemia, viajava pelo mundo espalhando conscientização – e esperança. Manobrando a lente da câmera do laptop lentamente por prateleiras repletas, ela me explicava que eram presentes preciosos, cada qual com sua história.

Por último, Jane se aproximou de uma caixa de madeira com dois chimpanzés belamente entalhados na tampa.

– Aqui guardo a maioria dos meus símbolos de esperança. Às vezes eu os utilizo em minhas palestras.

Jane voltou ao seu escritório, pousou o laptop novamente na escrivaninha improvisada e apanhou os pequenos itens um a um para me mostrar. O primeiro era um sino desajeitado feito à mão, que emitia um som pouco musical ao ser sacudido.

– Esse sino foi feito com o metal de uma das muitas minas terrestres que tinham permanecido enterradas e ativas depois da guerra civil de Moçambique. Centenas de mulheres e crianças perderam um pé depois de pisarem em uma dessas enquanto trabalhavam nos campos. O que torna esse sino ainda mais especial é o fato de que essa mina foi detectada por um rato-gigante-africano treinado, exatamente como aquele sobre o qual lhe falei. Eles são criaturinhas adoráveis. Já assisti a um treinamento na Tanzânia, e eles continuam trabalhando em diferentes regiões da África.

Em seguida veio um pedaço de tecido. Enquanto supervisionava a extração de minas terrestres feita por uma organização assistencial em Moçambique, Chris Moon foi vítima de uma explosão. Ele perdeu parte da perna e do braço direitos. Chris não apenas aprendeu a correr com uma prótese leve especialmente projetada, como também completou a Maratona de Londres menos de um ano após sair do hospital – e depois participou de muitas outras maratonas. Jane disse:

– Este é o pé de uma das meias que Chris usou para cobrir seu toco e prevenir assaduras. Uma das mais especiais, que ele usou ao correr a ultramaratona mais difícil do mundo, a Marathon des Sables. Ele completou o percurso de 251 quilômetros, atravessando o deserto do Saara.

Depois Jane ergueu um pedaço de concreto que tinha sido quebrado por um amigo alemão, com a ajuda apenas de um canivete, na noite da queda do Muro de Berlim. Ela também tinha uma pedra de calcário da pedreira onde Nelson Mandela foi forçado a trabalhar enquanto estava na prisão da ilha Robben.

– E este aqui é muito, muito especial – comentou Jane, apanhando um pequeno cartão. Ela o abriu para que eu visse: ali dentro, havia duas minúsculas penas coberteiras primárias que tinham sido enviadas para ela por Don Merton. Já contamos a

Um dos símbolos de esperança de Jane: um sino produzido com o metal de uma mina terrestre detectada por um rato-gigante-africano. Jane sempre o toca no Dia Internacional da Paz. (MARK MAGLIO)

história de como ele salvou o tordo-negro das ilhas Chatham da extinção. – Essas aqui vieram de Baby Blue, filha de Blue e Yellow.

Ela contou que também tinha uma pena coberteira primária da asa de um condor-da-califórnia, outra ave salva da extinção, porém aquela estava na sede do JGI, nos Estados Unidos. Jane me disse que a pena tinha 66 centímetros!

– Quando eu a uso nas minhas palestras, vou tirando bem, mas bem devagar do tubo de papelão onde a mantenho guardada. E a reação é sempre uma profusão de murmúrios de espanto e, acho, uma espécie de reverência.

Jane guardou os seus tesouros com cuidado de volta na caixa. Continuamos a entrevista, e mais uma vez me vi olhando para seus olhos perscrutadores. Fiz algum comentário sobre eles, e ela sorriu, quando uma lembrança lhe saltou à memória.

– Quando eu era um bebê, devia ter 1 ano, minha avó costumava me levar de carrinho para passear em um parque. Aparentemente, muitas pessoas paravam para nos cumprimentar, era uma época em que todo mundo conhecia todo mundo. Mas houve uma mulher idosa que se recusou a olhar para mim. Disse à minha avó que era por causa dos meus olhos. "Ela me olha como se conseguisse ver dentro da minha mente. Existe uma alma antiga nessa criança, e eu acho isso perturbador. Não quero mais olhar para ela", a mulher falou.

Então Jane subitamente se afastou da tela.

– Ah, espere um instante! Esqueci de colocar meu laptop na tomada – está quase descarregado.

Enquanto ela procurava o fio, diversos pensamentos me vieram à cabeça. Havia muitos motivos para temer que nossos melhores tempos enquanto espécie tivessem chegado ao fim. Agitações políticas e a ascensão de demagogos ameaçavam a democracia ao redor do mundo. A desigualdade, a injustiça e a opressão ainda nos assolavam. Até mesmo o nosso lar planetário se via em perigo.

O condor-da-califórnia quase foi extinto. Graças à dedicação de biólogos, aumentou o número de exemplares da espécie. Durante suas palestras, Jane adora extrair lentamente uma das longas penas da ave do tubo em que a mantém guardada. É um de seus símbolos da esperança. (RON HENGGELER)

Apesar de tudo, Jane tinha me mostrado algumas razões profundas para se ter esperança: o nosso surpreendente intelecto, a resiliência da natureza, a energia e o comprometimento da juventude de hoje. E, é claro, o indômito espírito humano. Como Jane tinha conseguido presenciar tanta crueldade e tanto sofrimento de pessoas e animais, tanta destruição da natureza, e, mesmo tendo se condoído, permanecer sendo um raio de esperança? Teria essa capacidade estado com ela desde o princípio?

Enquanto Jane tornava a se sentar, eu lhe disse quanto me impressionava a sua capacidade não apenas de ter esperança no futuro, mas de inspirar esperança nos outros.

– Como aquela criança no carrinho, com uma alma antiga que espiava pelos seus olhos, se tornou essa mensageira da esperança?

– Acredito que algumas das respostas a essa pergunta começaram, sim, a tomar forma quando eu ainda era apenas uma criança. Já falei sobre a autoconfiança que recebi da minha mãe e de ter crescido com uma família tão maravilhosa. Danny teve que se virar com sua família quando meu avô morreu de câncer e a deixou praticamente sem nenhum centavo. Pena não haver tempo para contar a história dela agora. Depois, Olly e o tio Eric também foram modelos maravilhosos. Olly era fisioterapeuta e trabalhava com crianças vítimas de pólio, pé torto, raquitismo e por aí vai. Minha primeira tarefa ao retornar do meu curso de secretariado em Londres era anotar o que pedia o cirurgião ortopedista que vinha examinar as crianças uma vez por semana. Ali aprendi o quanto a vida pode ser cruel, impingindo sofrimentos tão dolorosos a crianças inocentes e suas famílias. Mas eu também me via constantemente impressionada com a coragem delas, com seu estoicismo. Raro é o dia em que não agradeço pela dádiva da boa saúde. Não tomo isso como algo garantido.

Ela me disse que o tio Eric compartilhava histórias de coragem quando ia a Bournemouth nos fins de semana, depois de operar vítimas da *Blitz*.

– E, como eu disse, o fato de ter crescido durante a Segunda Guerra Mundial me ensinou tanta coisa! Aprendi o valor da comida e das roupas, pois tudo era racionado. E aprendi sobre a morte e as duras realidades da natureza humana: de um lado, amor, compaixão, coragem; do outro, brutalidade e crueldade. Esse lado sombrio me foi revelado em uma idade muito tenra, quando as primeiras reportagens e fotos dos sobreviventes esqueléticos do Holocausto foram publicadas. E a derrota da Alemanha nazista... Bem, não poderia haver melhor exemplo de como se pode alcançar a vitória, mesmo quando a derrota parece inevitável, se o inimigo for enfrentado com ousadia e grande coragem.

Eu estava começando a entender o importante papel que a família e as circunstâncias da vida de Jane exerceram na formação da Jane de hoje. Então me dei conta de que ela não tinha mencionado o pai.

– Meu pai não está muito presente nas minhas lembranças de infância, pois ele se alistou no Exército na Royal Engineers bem no início da guerra, e ele e mamãe se divorciaram depois que o conflito acabou. Mas certamente foi dele que herdei minha constituição durona.

– Sim, você me contou que se recuperou de alguns episódios terríveis de malária e que os diversos cortes e hematomas que sofria ao subir nas árvores nas florestas sempre cicatrizavam rápido. Como você se tornou tão forte, já que me disse que não era assim quando era bem pequena?

Jane riu.

– Não era mesmo! Eu faltava muito à escola. Como creio já ter mencionado, eu costumava ter enxaquecas terríveis, terríveis mesmo. Elas tendiam a aparecer justamente na época dos exames escolares, o que me chateava muito, pois sempre estudei bastante e ficava ansiosa para mostrar o que sabia. Eu tinha crises frequentes de amigdalite, que muitas vezes vinham acompanhadas de

Jane com seu pai, sua mãe e Judy no dia em que foi agraciada com a condecoração CBE (Commander of the British Empire, Comendadora do Império Britânico). (JANE GOODALL INSTITUTE/MARY LEWIS)

um abscesso periamigdaliano, um abscesso ao redor da base da amídala que é extremamente doloroso até se romper. E tive todas as doenças de criança: sarampo, rubéola, catapora, menos caxumba. Judy e eu quase morremos de escarlatina.

Jane se lembrou de algo importante.

– Já lhe contei da vez que, quando eu tinha uns 15 anos, tive certeza de que quando balançava a cabeça ouvia meu cérebro se movendo dentro do crânio? Fiquei com muito medo. No fim, o tio Eric mandou me examinar. Claro que não havia nenhum problema no meu cérebro, mas ainda assim eu não ousava sacudir a cabeça porque continuava ouvindo, ou achava que ouvia, meu cérebro se movendo ali dentro. Na verdade, como eu disse para você em uma de nossas conversas, eu ficava doente com tanta frequência que o tio Eric costumava me chamar de Weary Willy. Mas aí um dia o ouvi perguntando a minha mãe se eu teria a resistência física necessária para seguir o meu sonho de ir para a África. Isso, é claro, foi um desafio: se eu quisesse realizar o meu sonho de estudar animais na África, precisava provar que meu tio estava errado!

– E você provou, sem dúvida. Mas como?

– Olhando para trás, percebo que nunca ficava doente nas férias. Eu ia muito bem na escola, mas queria era estar na natureza. Adoecer deve ter sido uma maneira psicológica, e completamente inconsciente, de escapar da escola! Porque nas férias eu era uma moleca, subia as árvores mais altas, nadava em dias de neve, montava o cavalo mais arisco na escola de equitação, que adorava dar coices e tentava fugir.

Caí na risada.

– Será que tudo isso a treinou para o que teve que enfrentar na África?

– Houve alguns momentos amedrontadores – admitiu Jane. Ela me contou de encontros muito próximos com búfalos e leopardos, nos quais topara com eles de repente, entretanto nunca a feriram.

– Certa vez, quando eu caminhava em uma praia, uma naja mortífera foi trazida pelas águas até meus pés. Ela ficou me olhando com olhos negros inexpressivos e confesso que fiquei com um pouco de medo naquele momento. Não havia soro antiofídico, e muitos pescadores já tinham morrido de picadas de cobra ao apanharem sem querer uma daquelas com suas redes. Simplesmente fiquei imóvel, e foi um alívio enorme quando outra onda levou a cobra embora de novo! Mas tudo isso foi empolgante, Doug. O pior foi quando os chimpanzés ficavam fugindo de mim e eu não sabia se teria tempo suficiente para conquistar a confiança deles antes do meu patrocínio acabar. Já me perguntaram se pensei em desistir, no começo. Bem, você já me conhece bem a esta altura: sou obstinada e nunca pensei em desistir.

– E aquela vez que seus métodos foram criticados, quando você foi para a Universidade de Cambridge? Afinal, você não tinha cursado faculdade. Não tinha nenhum treinamento científico. Não se intimidou nessa ocasião?

– Eu me senti intimidada com a ideia de ir àquela universidade de prestígio e estar entre alunos que precisaram dar tão duro para se graduar. Mas quando falaram que eu não poderia dizer que os chimpanzés tinham personalidade, mente e emoções... Bem, fiquei simplesmente chocada. Foi uma sorte eu ter aprendido com Rusty e com os diversos animais de estimação que tive quando criança, antes mesmo de conhecer os chimpanzés, que nesse quesito os professores estavam absolutamente errados. Eu sabia muito bem que não somos os únicos seres neste planeta com personalidade, mente e sentimentos, que somos uma parte do espantoso reino animal, e não algo à parte dele.

– Então como enfrentou aqueles professores?

– Não discuti, simplesmente continuei escrevendo sem alarde sobre os chimpanzés como eles são, exibindo o filme que Hugo fizera em Gombe, convidando meu orientador para ir até lá. Com todas as minhas observações de campo, o fantástico filme de Hugo e os fatos sobre a semelhança biológica dos chimpanzés com os humanos que tinham vindo à tona... Bem, a maioria dos cientistas aos poucos parou de criticar minha atitude pouco ortodoxa. De novo, sou muito obstinada e não desisto com facilidade!

Pensei naquela vitória, que hoje é tida como um elemento crucial para a mudança de nossa relação com os animais.

– Enfim – Jane interrompeu meus pensamentos –, como você sabe, obtive meu doutorado, voltei para Gombe e teria ficado alegremente por lá para sempre, mas é claro que tudo mudou quando fui àquela conferência de 1986 e tive meu momento de Damasco.*

---

* Uma mudança radical e súbita de atitude, perspectiva ou crença. Refere-se à história bíblica de Paulo, que se converteu do judaísmo ao cristianismo enquanto percorria o caminho até Damasco. (*N. da T.*)

– O que aconteceu depois disso?

– A primeira coisa que decidi enfrentar foi o pesadelo dos chimpanzés utilizados em pesquisas médicas.

– Jane, você achava mesmo que poderia fazer alguma coisa para ajudar os chimpanzés daqueles laboratórios? Realmente pensou que poderia enfrentar o esquema de pesquisas médicas?

Jane riu.

– Provavelmente, se eu tivesse pensado demais, acho que jamais teria tentado. Mas depois de assistir àqueles vídeos

Um jovem chimpanzé em um laboratório de pesquisa, com depressão profunda. Observe o tamanho da jaula. (LINDA KOEBNER)

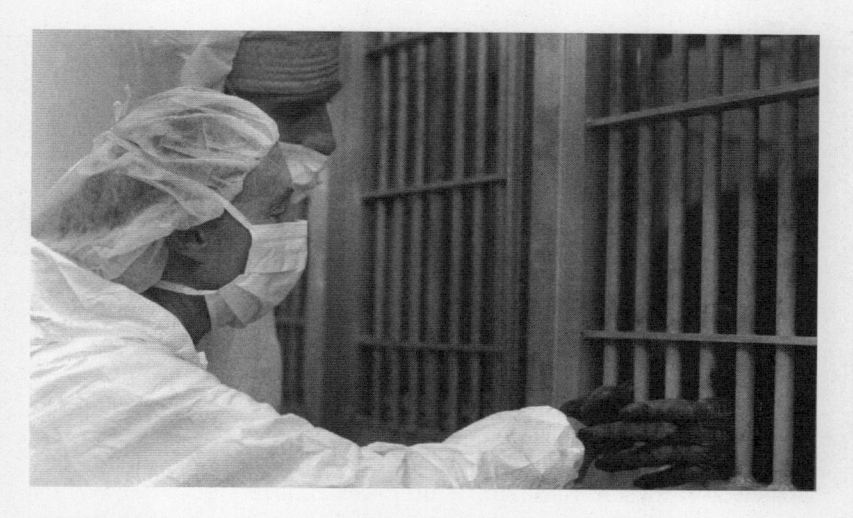

Jane visitando um chimpanzé em uma das prisões de laboratório. (SUSAN FARLEY)

de chimpanzés nos laboratórios... fiquei com tanta raiva e indignação que sabia que precisava tentar. Pelo bem dos chimpanzés. A pior parte foi ter que me obrigar a, de fato, entrar em um laboratório para ver aquilo com meus próprios olhos. Acredito que só se pode enfrentar um problema quando se tem conhecimento de causa. Minha nossa, como eu temia o momento de estar diante de seres vivos inteligentes e sociais que estavam confinados, sozinhos, em jaulas de um metro e meio por um metro e meio. Acabei visitando diversos laboratórios, mas a primeira visita foi a mais difícil. Mamãe sabia como eu estava me sentindo, e enviou um cartão em que havia escrito algumas citações de Churchill. E, por incrível que pareça, no caminho para o laboratório passamos pela embaixada britânica com a estátua de Churchill fazendo seu famoso V de Vitória. Era como uma mensagem do passado. Mais uma vez, aquele líder inspirador dos tempos da guerra estava ali para me dar coragem quando eu mais precisava dela.

– O que aconteceu quando você chegou lá?

– A visita foi mais desoladora do que eu esperava, e me deixou ainda mais decidida a fazer tudo que pudesse para ajudar aqueles pobres prisioneiros. Decidi usar táticas semelhantes às que utilizei com os cientistas de Cambridge: conversei sobre o comportamento dos chimpanzés de Gombe e mostrei-lhes filmes. Eu realmente acredito que boa parte do que percebo como crueldade deliberada se baseia em ignorância. Queria tocar o coração deles, e, no caso de alguns, isso funcionou, pelo menos. Fizemos reuniões; eles me convidaram a dar palestras para seus funcionários; e concordaram em ao menos me deixar mandar um aluno para "enriquecer" um pouco alguns dos laboratórios. Algo que aliviasse o tédio desesperador de um ser inteligente preso em uma cela vazia, sozinho, sem nada que o ajudasse a passar aqueles dias monótonos exceto momentos de medo e dor, resultantes de protocolos invasivos.

Jane tomou fôlego antes de continuar.

– Foi uma luta árdua e longa que contou com a ajuda de diversos indivíduos e grupos, mas, finalmente, o uso de chimpanzés em pesquisas médicas, pelo que sei, foi encerrado. E, apesar de minha luta se basear em considerações éticas, a decisão final que afetou os cerca de quatrocentos chimpanzés de posse da NIH (National Institutes of Health, o órgão de saúde do governo americano) só foi tomada quando uma equipe de cientistas descobriu que aquele trabalho não trazia qualquer benefício real para a saúde humana.

Eu sabia que essa tinha sido a primeira das muitas batalhas que Jane travou ao longo dos anos, mas perguntei como depois ela fez frente aos enormes desafios que seus amados chimpanzés enfrentavam na África.

Desafios na África

– Então, depois de muitos anos, você e os outros que se juntaram a essa luta venceram a batalha. Ao mesmo tempo, vocês estavam tentando fazer alguma coisa a respeito da situação na África, certo? Isso não foi ainda mais difícil? Você realmente pensou que poderia fazer a diferença?

– Ah, Doug! Na verdade, eu não sabia se poderia ou não! Foi logo depois da conferência de 1986, quando vi filmagens de chimpanzés que tinham sido realizadas secretamente nos laboratórios. Eu não sabia de que forma poderia ajudá-los, mas, como já lhe disse, sabia que precisava tentar. E na mesma conferência tivemos uma sessão sobre conservação ambiental. Foi chocante. Imagens de florestas destruídas em diversas regiões da África, histórias aterrorizantes de chimpanzés sendo mortos por caçadores ilegais, filhotes arrancados das mães mortas para serem postos à venda, e evidências do drástico declínio no número de chimpanzés em toda parte. Mais uma vez, eu simplesmente sabia que precisava fazer alguma coisa. Não sabia como nem o quê – só tinha a certeza de que me abster não era uma opção. Eu sentia que precisava ver com meus próprios olhos um pouco do que estava acontecendo na África. Portanto, juntei dinheiro para visitar seis países onde os chimpanzés estavam sendo estudados na vida selvagem. E um dos primeiros desafios foi o número de filhotes órfãos cujas mães tinham sido mortas por sua carne. Frequentemente, os filhotes eram vendidos nas feiras locais como bichos de estimação. Era ilegal, mas as pessoas tinham outros problemas com que se preocupar. E havia muita corrupção. Jamais me esquecerei do primeiro desses órfãos que vi. Ele tinha mais ou menos 1 ano e meio e estava amarrado por uma corda ao topo de uma jaula minúscula de arame, rodeado por congoleses altos que riam. Encolhidinho de lado, os olhos vazios, contemplava o nada. Quando me aproximei e soltei o suave som de cumprimento dos chimpanzés, ele se sentou e estendeu a mão para mim, olhando nos meus olhos. Mais uma vez, eu soube que precisava fazer alguma coisa.

Então ocorreu o que Jane chamou de golpe de sorte.

– Pouco antes de começar minha viagem pela África, fui convidada a um almoço reservado com James Baker, quando ele era secretário de Estado do governo de George H. W. Bush. E ele se ofereceu para me ajudar. Portanto, enviei um apelo ao embaixador em Kinshasa, que conversou com o ministro do Meio Ambiente, que, por sua vez, enviou um policial para nos acompanhar em nosso retorno até a feira livre naquela noite. O lugar estava deserto, exceto por aquele pequenino chimpanzé. Acho que a notícia da chegada da polícia tinha se espalhado! Então cortamos a corda, e Little Jim, como o chamamos em homenagem ao secretário Baker, se agarrou a mim, envolvendo o meu pescoço com os braços. Obviamente, eu não tinha como cuidar dele, então o filhote foi entregue aos cuidados amorosos de Graziella Cotman, a mulher que tinha implorado para que eu fosse a Kinshasa para tentar ajudar. Esse foi o início dos nossos programas de santuários para chimpanzés órfãos. Já conversamos sobre como percebi que, para ajudar os chimpanzés selvagens, seria preciso melhorar a vida das comunidades locais, muitas das quais estavam sofrendo com os efeitos da pobreza extrema, e como isso levou ao Tacare.

De jovem tímida a palestrante global

Àquela altura eu estava começando a entender como Jane tinha conseguido enfrentar o que muitos acreditavam ser problemas insolúveis – por meio da determinação e da capacidade de respirar fundo e obter ajuda de quem se encontrava em uma posição mais favorável para fazer as mudanças acontecerem. E quanto à sua transformação, de pesquisadora de campo que passava horas sozinha na floresta a alguém que viaja e dá palestras concorridíssimas trezentos dias por ano?

– O que lhe permitiu fazer essa transição? Você me disse que foi uma criança tímida... Qual teria sido a sua reação se alguém tivesse profetizado esse futuro à Jane de 26 anos?

– Se alguém tivesse me dito, quando fui à África pela primeira vez, que em algum momento eu daria palestras em grandes auditórios cheios de gente, eu teria falado que seria impossível. Nunca havia falado em público. E quando me disseram que eu teria que dar uma palestra... Nossa, fiquei aterrorizada. Nos primeiros cinco minutos da minha primeira palestra, tive a sensação de não conseguir respirar. Mas então descobri que estava tudo bem. Eu podia respirar de novo. Foi então que percebi que tinha esse dom. O dom de me comunicar com as pessoas. De atingir o coração delas

– tanto pela palavra escrita quanto pela fala. Claro, me esforcei para melhorar. Quando estava praticando com a minha pobre família para dar aquela primeira palestra, fiz um juramento: eu nunca leria um discurso. E jamais diria um "hã".

– Por que fez esse juramento?

– Porque eu achava chatas as pessoas que liam discursos, fora que um monte de *hãs* é irritante.

Adorei ouvir aquela lendária palestrante descrever a primeira palestra que deu e como ela decidiu praticar – para dar tudo de si.

– Enfim, o dom estava ali, aguardando para ser usado, desde o princípio. Eu me lembro de que a terceira palestra que tive que dar era para a Royal Institution, em Londres, onde diversos cientistas famosos já haviam falado. A tradição pregava que ninguém deveria apresentá-lo: você simplesmente caminhava até o púlpito enquanto o relógio batia as oito horas e, na última badalada, começava a falar. E na primeira badalada das nove horas, exatamente, terminava sua fala. Portanto, estava aterrorizada, absolutamente aterrorizada. Tive que comparecer a um pequeno jantar formal antes disso, e depois eles me deixaram sozinha em uma sala por uma hora.

– Mas não é isso que você sempre quer? Ter tempo para ficar sozinha e se concentrar?

– É o que quero *hoje*, mas naquela época... bem, era apenas mais uma hora para me deixar ainda mais nervosa! E enquanto me conduziam até aquela sala, entrei em pânico ao me dar conta de que tinha esquecido minhas anotações! Pedi freneticamente para alguém telefonar para mamãe, e ela conseguiu chegar antes de todos, levando minhas notas. Isso me acalmou um pouco. Mas me lembro de caminhar de um lado para outro, sem parar, naquela saletinha.

Pedi a ela que me contasse mais sobre aquela noite.

– Fui conduzida até lá como um cordeiro ao sacrifício. Caminhei até a plataforma. Lembro que o relógio fazia um zumbido quando estava perto de dar as badaladas. E... bem, comecei a falar na última das oito horas e terminei exatamente quando desejava terminar, na primeira badalada das nove. Mais tarde, um dos funcionários me pediu a transcrição da palestra, e eu disse: "Como assim?" E ele respondeu, parecendo surpreso: "Bem, você sabe, o texto que você leu." Ele pareceu surpreso e ligeiramente desorientado quando lhe entreguei a única folha de papel, em que havia umas seis ou sete frases rabiscadas com caneta vermelha!

– Você fala para plateias imensas há décadas. Tinha alguma ideia, naquela época, de que essa primeira palestra daria origem a tantas outras?

– Eu sempre soube que tinha o dom de escrever. Desde bem cedo, já escrevia contos, ensaios, poemas. Mas nunca pensei que tivesse o dom de palestrar. Apenas quando fui obrigada a dar aquela primeira palestra e descobri que as pessoas estavam escutando, e depois ouvi os aplausos no fim, foi só ali que percebi que devia ter ido razoavelmente bem. Creio que muitas pessoas têm dons de que nem se dão conta porque nada as obriga a utilizá-los.

Pensei naquilo por um instante e depois perguntei a Jane se ela acreditava que recebera aquele dom por alguma razão.

– Eu meio que preciso acreditar nisso. Sei que recebi certos dons, e de fato parece haver uma razão para eles. Seja como for, haja um motivo ou não, sinto que preciso usar esses dons para fazer minha parte e tornar o mundo um lugar melhor, beneficiando as gerações futuras. E, embora pareça estranho admitir isso, inclusive para mim mesma, de fato acredito que existe uma razão para eu ter sido colocada aqui. Quando olho minha vida em retrospecto, não há como não acreditar que existia uma espécie de caminho mapeado para mim, porque oportunidades me foram concedidas. A mim cabia apenas fazer as escolhas certas.

Digamos somente que foi uma missão

– Então você é uma pessoa tímida, e, no entanto, se lançou a uma vida de palestrante...
– Eu não me lancei a nada – interrompeu Jane. – A coisa simplesmente tomou conta de mim. Me arrastou pelo caminho.
– Certo, isso a arrastou, mas você consentiu. Você foi junto.
– Não tive escolha.
– Era um chamado?
– Eu não colocaria nesses termos... Foi simplesmente algo como: "Os chimpanzés me deram tanto que agora é a minha vez de retribuir." As pessoas dizem que deve ter sido uma decisão difícil deixar Gombe. Mas não foi; foi como São Paulo na estrada para Damasco. Ele não pediu para aquilo acontecer. Tampouco decidiu coisa alguma, pelo menos segundo a história. A coisa apenas aconteceu: ele deixou de ser o perseguidor dos primeiros cristãos para tentar converter as pessoas para o cristianismo. Foi uma mudança imensa... É por isso que é o melhor exemplo em que consigo pensar.
– Então, essa sensação de ter recebido um chamado...
– Não, digamos apenas que foi uma missão – interrompeu Jane.
– Certo... Essa sensação de ter uma missão impediu que você duvidasse de si mesma ou houve momentos em que você disse: "Não sei se consigo dar essa palestra, ou conversar com esse primeiro-ministro ou CEO"?
– Claro que existiram momentos assim. Ainda existem. Lembro quando me convidaram pela primeira vez para participar de

uma das grandes conferências da ONU sobre mudanças climáticas. Falar para um grupo de alunos ou para um auditório variado era algo que me tirava da minha zona de conforto. Meu amigo Jeff Horowitz, que vem trabalhando incansavelmente para proteger as florestas e mitigar o aquecimento global, me pediu que participasse de uma rodada de conversas com especialistas em clima e CEOs de grandes corporações e representantes de governo. Eu apenas disse: "Não posso fazer isso, Jeff. Sinceramente, não posso."

– Por que achou que não poderia?

– Por não ser climatologista. Jeff, porém, não aceitou minha recusa, e no fim pensei: "Se Jeff acredita em mim e acha que vou ajudar, não tenho remédio senão dar o meu melhor." Claro, agora eu sei que as pessoas querem ouvir alguém que fale com sinceridade sobre o que estamos fazendo de errado, principalmente quando essa pessoa pode garantir que existe uma saída para a confusão que criamos. Elas querem ouvir alguém que fale com o coração. Querem ter razões para sentir esperança. Mas, mesmo sabendo de tudo isso, ainda fico nervosa.

Foi impressionante – e talvez tenha servido de incentivo – ouvir as inseguranças de uma das conservacionistas mais famosas do mundo. Também pensei que, se fosse mesmo verdade que Jane veio ao mundo por um motivo, ainda assim ela encontrou um caminho bastante árduo, com muitos problemas pela frente. Mas eu começava a perceber que, quando Jane decide enveredar por um caminho, nada é capaz de impedi-la. Sim, ela também tem um espírito indômito. Falei sobre isso:

– Você enfrentou e superou muitos desafios. Disse que é obstinada e que não desiste. E é evidente que tem certos dons que a ajudam, principalmente o de ser capaz de tocar o coração das pessoas. Há mais alguma coisa que a ajudou a se transformar em uma mensageira da esperança?

– Sim. Tive muita sorte: sempre contei com o apoio de pessoas incríveis. Jamais poderia ter alcançado o que alcancei sozinha. Começou com a minha família, é claro, e depois, de alguma maneira, consegui convencer muitas pessoas a ajudar. Uma delas está comigo para o que der e vier. É alguém com quem posso compartilhar sentimentos de tristeza e raiva: Mary Lewis. Ela trabalha comigo há trinta anos. E Anthony Collins esteve ao meu lado na África, como um amigo e conselheiro sábio, por tanto tempo quanto Mary. Mas, aonde quer que eu vá, sempre existe alguém para me dar força, me estender a mão, compartilhar uma refeição e uma risada. Ah, e um uísque também, claro! Eu não poderia ter feito tudo que fiz sem todos eles. Tivemos êxito juntos.

Pensei em nossa última conversa sobre a importância de apoio social em tempos difíceis.

– Outra coisa que me ajudou a enfrentar tantos desafios assustadores foi a passagem bíblica favorita da minha avó: "E como teus dias, assim seja tua força." Quando fico acordada à noite antes de dar uma dessas palestras, digo isso a mim mesma. E me sinto reconfortada.

– O que essa passagem bíblica significa para você?

– Que quando a vida nos põe à prova, recebemos a força necessária para lidar com isso, dia após dia. Penso assim sempre que desperto para um dia temido: a defesa da minha tese de doutorado, uma palestra para um público intimidador ou simplesmente uma ida ao dentista! Penso que vou dar conta, porque é necessário. Que encontrarei as forças. E, seja como for, amanhã a essa hora tudo estará terminado. E tem mais uma coisa também. Quando estou me sentindo mais desesperada, quando estou muito cansada, exaurida a ponto de sentir que será absolutamente impossível dar uma palestra, de algum modo existe uma força oculta que me ajuda a lidar com o que é exigido de mim. Eu descobri isso.

Então lhe perguntei de onde vinha essa força oculta e como ela a encontrara.

– Eu meio que abro a minha mente para alguma espécie de força exterior. Relaxo e decido apelar para a fonte da força oculta, para a força espiritual que parece ter me enviado àquela missão. Mentalmente, digo: "Bem, você que me colocou nessa situação horrível, então conto com você para me fazer dar conta dela." E parece que é nessas ocasiões que dou algumas das minhas melhores palestras! É estranho... Uma ou duas vezes foi como se eu estivesse me observando do alto, de fora de mim, dando aquela palestra.

– Você olhou para o alto quando falou de uma força exterior.

– Bem, lá embaixo é que ela não está – disse Jane, apontando para o chão e sorrindo.

– Então você apenas esvazia a mente e confia que, seja lá o que for essa força espiritual, de alguma maneira ela a conduzirá durante a palestra? E aí, de certa forma, você se torna um canal... Você se abre para uma sabedoria maior que a sua própria?

– Sim, com certeza. Existe uma sabedoria que é maior, muito, muito maior que a minha. Fiquei empolgadíssima quando descobri que o grande cientista Albert Einstein, uma das mentes mais brilhantes do século XX, chegou a essa mesma conclusão tendo por base unicamente a ciência. Ele disse que era a harmonia da lei natural. É uma citação maravilhosa, na verdade.

Eu ia começar a responder, mas percebi que, de repente, Jane olhou para o outro lado com uma expressão preocupada.

– Doug, desculpe interromper agora, mas estou vendo o pintarroxo da minha mesinha para pássaros me olhando pela janela. Ele vai ficar bravo se eu não lhe der comida.

– Mesinha para pássaros?

– É uma pequena plataforma presa ao parapeito da janela do meu sótão – disse Jane, ainda olhando para a esquerda. – Por que não tenta procurar no Google aquela citação de Einstein enquanto eu o alimento? Está no livro *Como vejo o mundo*.

Na ausência de Jane, procurei a citação. E lá estava, no livro indicado por ela: "A harmonia da lei natural [...] revela uma inteligência de tamanha superioridade que, em comparação, todo o pensamento sistemático e as ações dos seres humanos não passam de um reflexo absolutamente insignificante."

Pensei nessa citação no contexto de tudo que havíamos conversado naquele dia e me ocorreu que, à medida que Jane seguia seu caminho extraordinário de vida, ou deve ter havido algumas coincidências afortunadas, ou ela deve ter sido guiada por essa inteligência superior em que Einstein acreditava. Quando ela retornou, li em voz alta a citação completa e, em seguida, perguntei:

– Então, você acha que está sendo guiada por essa inteligência superior, ou pensa que a boa e velha coincidência colabora para direcionar sua jornada? Na verdade, todas as nossas jornadas?

Terá sido coincidência?

– Simplesmente não consigo acreditar em coincidências, não mais – disse Jane sem hesitar. – A coincidência implica que um acontecimento aleatório ocorra em justaposição com algo que está acontecendo na sua vida, e não consigo acreditar que todas as aparentes coincidências da nossa vida acontecem de maneira aleatória. É mais como se estivessem nos oferecendo oportunidades. Já vivi tantas experiências estranhas.

– Como o quê?

– Uma delas salvou a minha vida. Foi durante a guerra e mamãe tinha me levado com Judy para uma viagem a um lugar muito perto de casa, onde havia uma pequena praia propícia para remarmos. Havia um pequeno rombo nas cercas de arame farpado por onde podíamos passar. Estávamos hospedadas em uma pousadinha que servia o almoço ao meio-dia e, se você se atrasasse, problema seu. Ficava sem almoço. Naquele dia específico, mamãe insistiu em voltar a pé por um caminho bastante longo, atravessando dunas de areia e cruzando um pequeno bosque. Reclamamos que iríamos perder o almoço, mas ela foi inflexível e tivemos de concordar. Na metade do caminho, eu me lembro claramente de olhar para cima, para o céu muito azul, e ver um avião bem lá no alto. Enquanto eu observava, dois objetos com o formato de um charuto preto caíram, um de cada lado do avião. Mamãe nos disse com urgência para nos deitarmos na areia, e ela se deitou sobre nós. Logo em seguida, ouvimos duas terríveis explosões. Foi muito assustador. Uma das bombas tinha aberto uma imensa cratera no meio da estrada, justamente onde estaríamos se tivéssemos feito o mesmo caminho de sempre. Mamãe fora diagnosticada com sopro no coração e, por isso, evitava longas caminhadas. Terá sido uma coincidência fazermos um caminho diferente naquele dia?

– Ela lhe contou o que a levou a tomar aquele caminho?

– Não, ela não gostava de falar disso. Mas era como se ela tivesse um sexto sentido. Houve outra vez que ela cruzou Londres durante a *Blitz* para tirar sua irmã Olly do hospital, pois as duas pernas dela estavam engessadas depois de uma operação. Mamãe teve um trabalho daqueles para levá-la de volta a Bournemouth atravessando o país em guerra. Todo mundo achou que ela estivesse louca. No dia seguinte, uma bomba caiu no hospital (ou talvez fosse um asilo, não sei ao certo). Agora não há mais ninguém a quem eu possa perguntar.

– Você consegue explicar esse sexto sentido?

– Na verdade, não... Parece que é uma mente alcançando outra mente. Talvez mamãe tenha sentido a presença dos pilotos alemães naquele bombardeiro, ou tido uma premonição da bomba que poderia ter matado Olly. E houve mais uma ocasião. Mamãe gostava muito do irmão do meu pai, e certa noite, aqui em Bournemouth, quando ela estava tomando banho, de repente gritou o nome dele e depois começou a chorar. Mais tarde, descobriu que foi na hora exata em que o avião dele foi abatido e ele morreu.

Perguntei a Jane por que a mãe não gostava de conversar sobre seu sexto sentido, e Jane disse que ela achava aquilo sinistro.

– Tenho outra história sobre esse tipo de coincidência. Foi quando Grub estava no internato na Inglaterra, na noite em que meu marido, Derek, morreu, muito longe dali, na Tanzânia. Grub teve o mesmo tipo de premonição. Ele acordou subitamente de um sonho em que Olly chegava na escola e dizia: "Grub, tenho uma coisa muito triste para lhe contar. Derek morreu ontem à noite." Ele teve o mesmo sonho três vezes, e na terceira vez procurou a diretora da escola para dizer que estava tendo pesadelos terríveis. De manhã, Olly chegou na escola e o levou até o jardim. Ela disse: "Grub, tenho uma coisa muito triste para lhe contar." Grub falou: "Eu sei, Derek morreu."

Enquanto eu pensava nessas histórias, percebi que havíamos abandonado o âmbito da ciência, mas continuei intrigado.

– Quero lhe contar sobre outra "coincidência" que fez a diferença na minha vida, sobre um assento vago em um voo da Swissair de Zurique para Londres. Eu deveria ter embarcado em um voo posterior, mas o meu avião da Tanzânia chegara antes do horário e troquei para um voo mais cedo. O único assento vago em todo o avião era aquele ao meu lado. O homem que se sentou ali chegou logo antes de as portas se fecharem. Ele me disse que deveria ter saído mais cedo, mas o voo da sua conexão tinha se atrasado. Parecia ocupado, de modo que não conversei com ele, a não ser por um cumprimento educado, até o fim do jantar, quando puxei assunto. Eu estava indo fazer uma entrevista na TV, cheia de medo e inexperiência, se quer saber, com o diretor de uma poderosa empresa farmacêutica, a Immuno, que usava chimpanzés nas pesquisas sobre o HIV em seu laboratório na Áustria. Eles tinham aberto 71 processos contra 71 indivíduos ou grupos que os desafiaram em relação às condições do laboratório. Estávamos em 1987, e eu era louca ou burra o bastante para concordar em ter esse confronto na TV. Bem, acontece que o meu companheiro de assento era Karsten Schmidt, que na época era, eu acho, o presidente do [escritório de advocacia internacional] Baker and McKenzie. Ele me disse para não me preocupar: assumiria o meu caso *pro bono* caso me processassem! Mais tarde, Karsten se juntou ao conselho do JGI do Reino Unido, formulou os estatutos e foi presidente do nosso conselho por muitos anos. Teria sido coincidência o que nos colocou lado a lado naquele avião em que nem eu nem ele deveríamos estar? E que tivéssemos ocupado os últimos dois assentos? Se eu não tivesse puxado conversa, aquela oportunidade teria se perdido.

– Você costuma estar sempre à procura de oportunidades?

– Sim, mesmo quando estou cansada, sempre me pergunto se talvez exista uma razão para eu estar sentada ao lado de uma pessoa específica em um avião ou em uma conferência. Seja como for, sempre vale o pequeno esforço, só para garantir. E conheci pessoas interessantíssimas dessa maneira, algumas das quais se tornaram amigos e apoiadores.

– Então você acredita que conhece as pessoas por uma razão?

– Não sei ao certo. Mas adoro pensar sobre como as coisas se desenrolam. Pense em todos os eventos e encontros que levaram ao nascimento de cada indivíduo. Churchill, por exemplo. Começamos nas névoas escuras do passado, quando certo homem conheceu certa mulher; os dois se casaram; tiveram uma filha ou um filho e ele ou ela conheceram um homem ou uma mulher; e os dois tiveram um filho. E assim por diante, até todos esses encontros e casais produzirem um Churchill.

– Ou um Hitler – falei, meio cético com a aparente crença de Jane no destino.

Eu disse isso a ela.

– Mas eu não acredito em destino. Acredito em livre-arbítrio – rebateu Jane. – Shakespeare disse isso lindamente: "A culpa, caro Brutus, não está nas estrelas, mas em nós mesmos, que consentimos em ser subalternos." Acredito que as oportunidades surgem, e você pode aproveitá-las, rejeitá-las ou apenas não perceber. Se as pessoas tivessem feito escolhas diferentes ao longo dos séculos, não teria havido nem Churchill nem Hitler.

– Nem eu nem você – falei.

Fiz uma pausa para pensar naquilo. A ideia me dava a sensação de fazer parte de uma longa linhagem de amor e mágoas, anseios e sofrimento que colocava minhas próprias dificuldades em perspectiva. Sou parte de algo maior que eu – mas não sei se tudo está se desenrolando segundo um plano.

– Tenho a impressão de que sua crença subjacente no que você chama de "uma grande força espiritual" é a fonte de boa parte de sua incrível energia e determinação. Como você concilia a sua orientação espiritual com a sua mente científica?

Evolução espiritual

– Quando falamos em espiritualidade, muita gente se sente incomodada ou perde o interesse. Acham que isso não passa de uma espécie de coisa emocional, hippie, tipo abraçar árvores. No entanto, cada vez mais pessoas estão percebendo que nos tornamos mais materialistas e precisamos nos reconectar espiritualmente com a natureza. Eu concordo. Acho que existe um anseio por algo que vai além do consumismo irrefletido. De certa maneira, nossa desconexão com a natureza é muito perigosa. Temos a sensação de que conseguimos controlá-la e esquecemos que, no fim das contas, é a natureza que nos controla.

De repente, Jane se deu conta de que eram 12h30 – hora em que ela levava o cão velho, um galgo chamado Bean, para seu passeio.

– Claro, ele pode ir ao jardim, mas é uma criatura de hábitos. Não vai demorar muito. Mas preciso de um pãozinho e um café. Vamos fazer uma pausa de trinta minutos.

Fiquei mais do que feliz, pois aquilo me dava tempo para comer algo, organizar meus pensamentos e preparar as últimas perguntas.

Jane cumpriu sua palavra e reapareceu na tela após exatos trinta minutos. Comecei a conversa dizendo-lhe que gostaria de voltar ao assunto da moral e do desenvolvimento espiritual, e ela na hora retomou o fio do nosso bate-papo.

– Bem, nós, enquanto espécie, estamos na estrada da evolução moral, discutindo o que é certo e o que é errado, de que maneira nos comportarmos como indivíduos uns perante os outros e perante a sociedade, e os nossos esforços de construir formas democráticas de governo. Mas algumas pessoas estão também na estrada da evolução espiritual.

– Qual é a diferença entre a evolução moral e a espiritual?

– A evolução moral, eu acho, diz respeito a entender como devemos nos comportar, como tratar os outros, entender o conceito de justiça, entender a necessidade de uma sociedade mais igualitária. Já a evolução espiritual é mais sobre meditar a respeito do mistério da criação e do Criador, perguntar quem somos e por que estamos aqui, e compreender que somos parte da fascinante natureza. Mais uma vez, Shakespeare coloca isso lindamente quando fala em ver "livros nos riachos, sermões nos seixos e bondade em todas as coisas".* Tenho essa sensação quando estou transfixada, cheia de maravilhamento e espanto diante de um glorioso pôr do sol, ou quando o sol entra pelo alto das copas das árvores

---

* *Como gostais*, ato 2, cena 1. Tradução livre.

enquanto um pássaro canta, ou quando me deito de costas em algum lugar tranquilo e olho para cima, para os céus, enquanto aos poucos a luz do dia se vai e as estrelas surgem.

Senti que Jane estava imersa na beleza das experiências que descrevia. Quando ela tornou a olhar para mim, perguntei se achava que os chimpanzés tinham sentimentos semelhantes.

– Quando a comida é abundante e os chimpanzés comeram bem e estão satisfeitos, certamente têm tempo para pensar. Quando eu os observo olhando para o alto através da copa das árvores, ou deitados em um ninho confortável para passarem a noite, sempre me pergunto no que estarão pensando, livres da preocupação de planejar aonde irão para obter a refeição seguinte. E realmente acho possível que eles tenham uma sensação semelhante de maravilhamento, de espanto. Se for o caso, poderia ser uma espécie muito pura de espiritualidade, ou, ao menos, um precursor do tipo de espiritualidade de que estamos falando, que dispensa as palavras.

Ela prosseguiu depois de uma pausa:

– Em Gombe existe uma gloriosa cachoeira, a cascata de Kakombe, onde um pequeno riacho despenca por 25 metros ao longo de um sulco vertical que foi escavado pela queda d'água nas rochas duras e cinzentas do penhasco. Havia sempre o som ruidoso da cachoeira no leito rochoso e solene, a brisa causada pelo ar sendo deslocado à medida que a água flui. Às vezes um grupo de chimpanzés se aproxima da cachoeira, seus pelos se eriçam de empolgação e eles fazem uma demonstração maravilhosa: ficam eretos, balançando de um pé para outro, inclinam-se para apanhar e atirar pedras no riacho à frente deles, sobem nas trepadeiras que pendem pelas rochas e atravessam a cortina do borrifo das águas. Depois desse ato, que dura pelo menos dez minutos, às vezes se sentam e ficam olhando a água cair, observando como ela flui para longe deles. Será que experimentam uma emoção semelhante ao espanto e ao maravilhamento que sinto quando me sento junto àquela cachoeira espetacular, ouvindo o trovejar das águas caindo com força no leito do rio? Isso sempre me faz compreender a importância da nossa linguagem falada. Se os chimpanzés de fato sentissem esse deslumbramento e pudessem compartilhar essa sensação uns com os outros por meio de palavras... percebe a diferença que poderia fazer? Eles poderiam perguntar uns aos outros: "O que é essa coisa maravilhosa que parece viva, que está sempre vindo, sempre indo, sempre aqui?" Não acha que essas perguntas poderiam ter levado às religiões animistas, à adoração da cachoeira, do arco-íris, da lua, das estrelas?

– Você acha que as religiões formais podem ter derivado dessas religiões animistas?

– Não tenho como responder, Doug. Eu precisaria ser uma estudiosa das religiões, não é?

– Mas você acredita na existência de uma força espiritual, um Criador, Deus, e que nasceu neste mundo por uma razão?

– Parece ser o caso. Na verdade, existem apenas duas maneiras de pensar sobre a nossa existência na Terra. Ou você concorda com Macbeth que a vida não passa de uma "história contada por um idiota, cheia de som e de fúria, sem sentido algum", sentimento ecoado pelo cínico que diz que a existência humana não passa de uma "gafe evolucionista"; ou você concorda com Pierre Teilhard de Chardin, quando ele diz que "somos seres espirituais tendo uma experiência humana".

Embora costume ver a mim mesmo como uma pessoa secular, que não acredita necessariamente em uma religião específica, eu me senti tocado e inspirado pelo que Jane disse, e fiquei com vontade de conhecer o ponto de vista de uma cientista – assistir à morte de meu pai levantara questões que eu desejava tentar responder. Portanto, pressionei Jane para que contasse mais a respeito de suas crenças.

Cascata de Kakombe. (JANE GOODALL INSTITUTE/CHASE PICKERING)

– Bem, não tenho como convencer ninguém a acreditar, como eu, que existe uma inteligência por trás da criação do universo, uma força espiritual "em que vivemos, e nos movemos, e existimos", segundo a Bíblia. Não posso dizer por que acredito nisso: simplesmente acredito. E é isso o que realmente me dá a coragem para seguir em frente. Mas existem pessoas que levam uma vida ética, que trabalham para ajudar o próximo, e que não são religiosas nem espirituais. Estou apenas falando o que eu acredito.

Jane me disse que muitos cientistas, como Einstein, chegaram à conclusão de que existe "inteligência" por trás do universo. Disse que há mais cientistas que se dizem agnósticos do que ateus. Francis Collins, diretor do National Institutes of Health, líder da equipe que trabalhou para desvendar o genoma humano, começou esse trabalho como agnóstico, mas se viu compelido a acreditar em Deus graças à complexidade incrível das informações enviadas para cada célula do embrião humano. Informações que as instruíam a se desenvolver como uma parte do cérebro, um pé ou um rim.

Conversamos a esse respeito por algum tempo, e Jane confessou que ela realmente vê com bons olhos a convergência da ciência com a religião e a espiritualidade.

– Creio que para algumas pessoas a religião constitui a única fonte de esperança. Imagine que você tivesse perdido sua família inteira em uma guerra ou em algum outro desastre. Que você estivesse passando por necessidade. Você chega a um país estrangeiro que concorda em acolhê-lo. Não conhece ninguém. Não sabe falar a língua. O que ajuda essas pessoas, eu acho, é o fato de terem ou não uma fé. É a crença firme em Deus, ou Alá, ou seja lá qual for o nome que lhe deem, mas é isso que lhes traz a força para seguir em frente. Minha sábia mãe me contou que, como nasci em uma família cristã, conversamos sobre Deus, mas se fôssemos uma família muçulmana, adoraríamos Alá. Ela disse que só poderia haver um ser supremo, o "Criador dos céus e da Terra", e que não importava o nome que lhe era dado.

– Então você acredita que existe um paraíso?

Jane riu.

– Depende de como definimos paraíso, suponho. Não acredito em anjos tocando harpas e nesse tipo de coisa, mas tenho convicção de que existe alguma coisa. Certamente veremos de novo aqueles que amamos, inclusive os animais! E também teremos capacidade de compreender os mistérios, pois seremos parte deles, parte do grande padrão das coisas, mas de uma maneira integrada. Sozinha na natureza, já vivenciei momentos quase místicos de consciência total que poderiam ser um sinal do tipo de paraíso que gosto de imaginar.

Mal sabia eu que essa pergunta sobre o paraíso desencadearia um último assunto na nossa conversa que era, ao mesmo tempo, misterioso e cheio de esperança, principalmente porque eu ainda estava em luto pelo meu pai.

Eu já tinha notado que Jane às vezes dava um sorriso ligeiramente travesso e sábio, como se guardasse um segredo. Era o tipo de sorriso que eu estava vendo naquele momento.

A próxima grande aventura de Jane

– No ano passado, na sessão de perguntas após uma palestra minha, uma mulher me perguntou: "Qual você acha que será sua próxima grande aventura?" Pensei por um instante e então percebi o que poderia ser: a morte. Foi o que respondi. Houve um silêncio absoluto, alguns risinhos dissimulados, e então eu disse: "Quando morremos, ou não existe nada, e nesse caso tudo bem, ou existe algo. Se existir algo, hipótese em que acredito, qual aventura pode ser maior do que a de descobrir o que é?"

Mais tarde, a mulher que tinha feito a pergunta se aproximou de Jane e disse: "Eu nunca, jamais quis pensar sobre a morte, mas obrigada, pois agora posso refletir sobre ela de uma forma diferente."

– Desde então já mencionei isso em diversas palestras e sempre recebo uma reação bastante positiva. Sempre faço questão de deixar bem claro que é apenas a maneira como eu penso sobre a morte, e que certamente não espero que ninguém tenha a mesma opinião a respeito.

Lembrei a doença do meu pai e seu processo de falecimento, que foi um tanto brutal, à medida que o câncer se espalhava pela coluna vertebral e pelo cérebro.

– Você acredita que as pessoas na verdade tenham medo é da doença, do processo de morrer, e não da morte em si?

– Ah, sim – disse Jane. – É a preocupação com o que vai

causar a nossa morte, que terrível doença ou demência, ou se ficaremos de cama e completamente dependentes dos outros: todos nós temos medo dessas coisas. Minha avó Danny, aos 97 anos, ficou mais ou menos confinada à cama depois de passar por uma broncopneumonia. Certa noite, mamãe foi levar a ela uma xícara de chá antes de dormir e a encontrou lendo as cartas do falecido marido, o qual ela sempre chamava de Boxer, que tinha morrido havia mais de cinquenta anos. Danny sorriu e disse: "Acho melhor você escrever meu obituário esta noite, querida." Na manhã seguinte, quando mamãe entrou no quarto, Danny estava deitada, com aparência serena. Morta. Sobre seu peito estavam todas as cartas de Boxer, amarradas com uma fita vermelha, e um bilhete: "Por favor, envie estas comigo na minha última viagem."

Ficamos em silêncio por um bom momento, e vi que os olhos de Jane tinham se enchido de lágrimas.

– Jane – continuei com delicadeza, ainda querendo explorar o assunto da morte e da próxima aventura –, isso significa que você acredita em reencarnação?

– Diversas religiões diferentes acreditam nisso. Os budistas creem que podemos reencarnar como animais – dependendo do ponto onde estivermos em nosso caminho rumo à iluminação. E, claro, tanto o hinduísmo quanto o budismo acreditam em carma: se você sofre reveses, está pagando pelos pecados que cometeu em uma vida passada. Sinceramente, não sei, mas tenho a impressão de que, se existe mesmo uma razão para estarmos aqui neste planeta, então, com certeza, não nos seria dada somente essa chance. Se pensarmos na eternidade e em nosso minúsculo tempo de vida, seria uma terrível injustiça! E sabe de uma coisa? – Jane sorriu. – Às vezes acho que o que está acontecendo no mundo é apenas um teste. Imagine São Pedro nos portões do paraíso, com uma folha impressa de computador contendo nosso tempo na Terra e conferindo se usamos os dons que recebemos ao nascer para tentar fazer o bem!

Eu ri com aquela imagem de São Pedro como um examinador, avaliando como nos saímos em nosso experimento terrestre. Pensei na crença do meu pai de que a vida era um currículo e também me lembrei da famosa história judaica sobre o rabino Zusha chorando em seu leito de morte. Quando lhe perguntaram por que estava chorando, ele disse: "Eu sei que Deus não vai me perguntar por que não fui mais como Moisés ou como o Rei Davi. Ele vai me perguntar por que não fui mais Zusha. E então, o que eu vou dizer?" Eu adorava essa história, porque era um lembrete de que cada currículo é singular e que cada um de nós deve fazer sua parte à sua própria maneira. Era certo que Jane havia pensado muito a respeito dessas coisas, e claramente acreditava que a morte não era o fim.

– Sabe, antes de morrer, meu pai me agradeceu por tê-lo acompanhado no que ele chamava de "grande jornada até a morte" – falei. – Como você, definitivamente ele acreditava que haveria mais pela frente.

Contei a Jane como eu e meu filho falávamos por FaceTime com meu pai quando ele estava em seu leito no hospital e eu não podia estar lá. Jesse disse que sentiria saudade de conversar o avô pelo FaceTime. Meu pai disse para não se preocupar, pois, depois que ele se fosse, poderíamos conversar pelo SpaceTime.*

Jane riu com o jogo de palavras dele.

– Eis aí o importantíssimo senso de humor em tempos difíceis!

– O que você diz às pessoas que acreditam que não existe mais nada? – perguntei.

---

* Trocadilho entre a palavra "face" (rosto), no nome do aplicativo FaceTime, e "space" (espaço), em referência a restabelecer contato em outra dimensão. (*N. da E.*)

– Antes de tudo, como eu já lhe disse, nunca tento convencer ninguém das minhas crenças. Mas conto algumas das impressionantes histórias de experiências de quase morte. Elisabeth Kübler-Ross, que pesquisou muito a esse respeito, escreve sobre uma mulher que supostamente teve morte cerebral na mesa de cirurgia. No entanto, ela reviveu e, quando voltou a si, descreveu os movimentos de pessoas que ela não poderia ter visto da posição em que estava na mesa de operação. Como se tivesse pairado sobre a sala.

Contei a Jane sobre Bruce Greyson, que há quarenta anos vem estudando pessoas que passaram por experiências de quase morte, e que tem umas histórias bastante interessantes de pessoas que morreram e cuja consciência parecia, de alguma maneira, continuar, como se a própria consciência não se limitasse ao nosso cérebro.

– Certa vez, quando ele era um jovem médico residente, derrubou molho de macarrão na própria gravata no restaurante do hospital – falei. – Mais tarde, quando foi atender a uma jovem colega de faculdade que tinha chegado inconsciente ao hospital em razão de uma overdose, não teve tempo de trocar de gravata, portanto abotoou o guarda-pó até o pescoço para esconder a mancha. O impressionante é que, quando a paciente recobrou a consciência, ela lhe disse que o vira no restaurante do hospital e descreveu a mancha em sua gravata. Durante todo o tempo em que ele estivera lá, porém, a jovem permanecera inconsciente em seu leito, observada por uma cuidadora. Depois disso, ele estudou diversas pessoas que viram e descobriram coisas aparentemente impossíveis durante experiências de quase morte, como encontrar parentes que elas nem sabiam ter. Segundo ele, depois da experiência essas pessoas tinham quase uma crença unânime de que não havia por que temer a morte e que a vida continuava de alguma maneira pós-túmulo. Aquilo também transformou o modo como elas viviam, porque passaram a acreditar que existe significado e propósito no universo.

Lembrei a Jane que ela havia falado de brincadeira que talvez a vida fosse um teste, mas Greyson acreditava que isso era verdade. E prossegui:

– Ele disse que muitas pessoas com quem conversou tiveram uma experiência semelhante a uma revisão de fim de vida, ou seja, a vida inteira delas literalmente passou à frente dos olhos. Isso as ajudou a entender por que determinadas coisas tinham acontecido. Muitas vezes elas viam o conflito pela perspectiva do outro, ou entendiam o que levara as pessoas a agirem como agiram. Falou de um motorista de caminhão que tinha espancado um bêbado que o xingara. Quando ele teve uma experiência de quase morte, viu que o bêbado havia perdido a esposa recentemente. Desolado, buscou conforto na bebida, e por isso havia se comportado daquele modo abusivo.

– Tudo isso é absolutamente fascinante, não é? – disse Jane, com os olhos brilhando de curiosidade, uma naturalista ansiosa para explorar um território não mapeado. – Mas, infelizmente, essa aventura terá que esperar até minha morte.

Depois de uma pausa, continuou:

– Contudo, tenho uma espécie de prova, embora não seja uma prova no sentido científico do termo. É apenas uma experiência que comprova isso para mim, e não ligo a mínima se alguém acredita ou não. Aconteceu umas três semanas depois de Derek morrer, quando eu estava de novo em Gombe, onde eu, Derek e Grub tínhamos vivido tantas alegrias. Acabei adormecendo ao som das ondas e dos grilos. Quando acordei, ou pelo menos achei ter acordado, vi Derek ali de pé. Ele sorriu e falou comigo durante o que pareceu ser um longo tempo. Depois sumiu, e senti que precisava anotar rapidamente o que ele dissera, mas, ao fazer isso, senti um imenso barulho em minha cabeça, como se eu estivesse desmaiando. Saí daquele estado e mais uma vez tive a sensação de que precisava escrever o que eu tinha aprendido, mas novamente veio o barulho, a sensação de desmaio. Quando tudo acabou, não consegui me lembrar de uma única palavra que Derek disse. Foi muito estranho. Fiquei desesperada para lembrar, porque ele tinha me contado coisas que eu sabia que precisava saber, imagino eu, a respeito do que havia acontecido com ele. Mas, enfim, fiquei com a sensação serena de que ele estava em um lugar maravilhoso.

Ela me contou que tinha conhecido outra pessoa que passara pela mesma experiência, e a mulher disse a Jane: "Se acontecer de novo, não importa o que aconteça, não tente sair da cama. Quando meu marido veio me ver depois da morte, eu também fiquei desesperada para anotar o que ele dissera, e saí da cama para apanhar uma caneta. Tive a mesma sensação de barulho que você descreveu, e de manhã fui encontrada em estado de coma."

Perguntei a Jane o que ela achava que tinha acontecido.

– Não sei, mas essa mulher me disse que ela acreditava que as pessoas que morreram estavam em um plano diferente, e que, ao escutá-las, entramos nessa esfera. E que leva tempo para retornar à Terra depois de uma experiência como essa. O mais estranho é que, depois dessa experiência com Derek, tive a forte sensação de que, se eu realmente olhasse para as coisas que Derek amara, como o oceano, as tempestades, os pássaros cantando, e se realmente as sentisse, ele seria capaz de compartilhá-las; que, de alguma maneira, agora ele estava em um lugar diferente, ou em um "plano", como disse a mulher, onde ele só podia saber das coisas da Terra através de olhos humanos. Foi um período muito intenso.

Jane me disse que não costumava conversar muito sobre aquilo: era muito estranho e ao mesmo tempo muito real.

– Jane, uma última pergunta. Por que você acha que tanta gente diz que você lhes dá esperança?

Pensei no meu ex-colega de faculdade que se suicidara e na quantidade de pessoas que estavam sofrendo e lutando contra a desesperança.

– Sinceramente, não sei, gostaria de saber. Talvez seja porque as pessoas percebam que sou sincera. Eu exponho os fatos terríveis sem hesitar, porque as pessoas precisam saber. Mas, depois, quando apresento minhas razões para ter esperança, como estamos fazendo neste livro, elas entendem o recado e veem que, de fato, pode existir algo melhor se nos unirmos a tempo. Quando elas percebem que a vida delas pode fazer a diferença, adquirem um propósito. E, como eu disse, ter um propósito faz toda a diferença.

– Suponho que esteja na hora de encerrar nossa conversa sobre a esperança e nos despedirmos, ao menos por enquanto – falei. – Obrigado, Jane. Essa viagem pela esperança foi maravilhosa.

– É sempre um prazer conversar com você. Gosto de desafiar meu cérebro.

– Eu desafiei meu cérebro também, abri meu coração e renovei minha esperança – respondi.

– Um momento – disse Jane, levando o laptop até a janela. – Tem mais uma coisa que quero que você veja, uma velha amiga que está comigo desde que vim para Birches, aos 5 anos. Ali. Consegue ver?

E ali estava: Faia, a árvore que Jane herdou pelo testamento escrito à mão que fez sua avó assinar. Olhando para o jardim ao sol poente, dava para ver a silhueta escura de Faia. Pensei como era adequado encerrarmos nossas conversas avistando aquela que era considerada a rainha das árvores inglesas, e que sobrevivia na Terra desde a última Era do Gelo.

— Sei que não dá para vê-la direito no escuro, mas vou descrevê-la para você. Sua casca é macia e cinzenta e suas folhas verdes recentemente adquiriram um tom suave de outono, amarelo e alaranjado. E agora elas estão começando a cair. Faia ficou bem mais alta do que na época em que eu era criança. Eu não conseguiria subir nela agora, mas tenho o costume de me sentar embaixo dela com um sanduíche na hora do almoço.

— Talvez um dia, quando essa pandemia acabar, eu possa comer um sanduíche com você embaixo da Faia.

— Sempre há esperança — disse Jane.

Jane em cima de Faia – uma de suas melhores amigas de infância. (JANE GOODALL INSTITUTE/CORTESIA DA FAMÍLIA GOODALL)

— Bem, creio que essa é a frase perfeita para encerrar nossa conversa.

Depois que acenamos em despedida e fechei meu laptop, pensei em Jane do outro lado do mundo. Naquele dia seu trabalho estava encerrado, mas eu sabia que no dia seguinte recomeçaria – reuniões por Zoom e Skype, levando sua mensagem de esperança ao redor de um mundo que tanto precisava dela. *Boa sorte, Jane*, pensei. E senti outra esperança aumentar dentro de mim: de que ela tivesse forças para continuar por muitos anos mais. Eu também sabia que chegaria o dia em que ela iniciaria sua próxima grande aventura, com os binóculos e os cadernos a postos. E que o indômito espírito humano que existe em todos nós terminaria o que ela não pôde concluir.

Este é o "escritório" de Jane na casa de sua família – The Birches –, onde ficou "de castigo" durante a pandemia. É também o quarto dela.
(RAY CLARK)

CONCLUSÃO
Uma mensagem de esperança de Jane

Querido leitor, querida leitora,

Estou escrevendo a você de minha casa em Bournemouth em uma manhã de muito frio e vento em fevereiro. Por acaso, é o início do Ano Novo Lunar, e estou recebendo mensagens de todos os meus amigos chineses – todas com a esperança de que este seja um ano melhor do que o anterior. Um ano e meio atrás, eu e Doug iniciamos na minha casa na Tanzânia a conversa sobre a esperança que resultou neste livro. E que tempos vivemos! Primeiro, Doug não pôde ir a Gombe porque precisou voltar correndo para os Estados Unidos e ficar ao lado do pai, que estava muito doente. Nossa segunda conversa ocorreu como planejado – na Holanda. Mas a terceira, que deveria ter acontecido aqui em Bournemouth para que Doug pudesse ver o lugar onde cresci, foi adiada e depois cancelada por causa da pandemia. Uma pandemia que ainda está causando caos pelo mundo.

O mais trágico é que uma pandemia como essa já havia sido prevista pelos estudiosos de zoonoses. Cerca de 75% de todas as novas doenças humanas advêm de nossas interações com os animais. Elas têm início quando um patógeno, como uma bactéria ou um vírus, passa de um animal para um ser humano e se une a uma célula humana. Isso pode levar a uma nova doença. E é muito provável que seja o caso da covid-19, que, por ser altamente contagiosa, logo afetou quase todos os países.

Ah, se tivéssemos escutado os cientistas que estudam zoonoses e que, há tempos, nos alertam de que uma pandemia seria inevitável se continuássemos a desrespeitar a natureza e os animais! Mas suas advertências caíram em ouvidos moucos. Não os escutamos e, agora, estamos pagando um preço muito alto.

Ao destruirmos os hábitats dos animais, nós os forçamos a terem contato mais próximo com as pessoas, criando, portanto, situações em que os patógenos podem dar origem a novas doenças humanas. E, à medida que a população humana aumenta, as pessoas e suas criações de animais começam a invadir as regiões selvagens remanescentes, em busca de mais espaço para expandir suas cidades e fazendas. Os animais são caçados, mortos e comidos. Eles, ou partes de seus corpos, são traficados – junto de seus patógenos – por todo o mundo. Eles são vendidos em mercados de animais selvagens para se tornar alimento, roupa, remédio ou pets exóticos. As condições da maioria desses mercados não apenas são terrivelmente cruéis, como também, em geral, muito anti-higiênicas – com o sangue, a urina e as fezes dos animais estressados espalhados por toda parte. Trata-se da oportunidade perfeita para um vírus saltar para um ser humano – e acredita-se que a atual pandemia, assim como a SARS, tenha se originado em um mercado de animais selvagens na China. O HIV-1 e o HIV-2 vieram de chimpanzés vendidos como comida em mercados de animais selvagens na África Central. O ebola provavelmente começou em razão do costume de se consumir carne de gorila.

As terríveis condições em que bilhões de animais domésticos são criados por causa de sua carne, seu leite e seus ovos também levaram à disseminação de novas doenças, como a contagiosa gripe suína, que começou em uma fazenda industrial no México, e doenças não infecciosas, como a *E. coli*, a MRSA (sigla em inglês para *Staphylococcus aureus* resistente à meticilina) e a salmonela. E não esqueçamos que todos os animais de que estamos falando são indivíduos com personalidade. Muitos deles – principalmente os porcos – são extremamente inteligentes, e todos sentem medo, dor e sofrimento.

Mas é importante compartilhar as coisas boas e positivas que surgiram. Durante os diversos períodos de *lockdown* em todo o mundo, quando o tráfego diminuiu e muitas indústrias tiveram que parar, as emissões de combustíveis fósseis foram significativamente reduzidas. Nas grandes cidades, algumas pessoas tiveram o luxo, talvez pela primeira vez, de respirar ar puro e ver as estrelas brilhando no céu noturno. Muitas compartilharam o prazer de ouvir o canto dos pássaros quando o nível de ruídos diminuiu. Animais selvagens apareceram nas ruas de cidades e vilarejos. E, apesar de tudo isso ser temporário, ajudou as pessoas a entenderem como o mundo poderia – e deveria – ser.

Além disso, a pandemia gerou diversos heróis, como os médicos, os enfermeiros e os trabalhadores da área de saúde que arriscam – e com muita frequência perdem – a vida no combate incessante para salvar os outros. Nesses lugares, criou-se um espírito comunitário, com todos se ajudando mutuamente. Em certa cidade da Itália, as pessoas cantavam árias de ópera umas para as outras, das suas varandas, para renovarem o ânimo. Produções brilhantes de televisão foram criadas. Gostei especialmente quando uma famosa orquestra tocou para uma audiência de plantas – cada qual trazida em seu vaso de um jardim botânico próximo e colocada sobre um assento. E o ápice: quando os músicos se levantaram e, com grande dignidade e respeito, fizeram reverência à sua plateia horticultural. E os pinguins de um zoológico foram liberados para andar livremente por uma galeria de arte.

O intelecto humano também estava em ação desenvolvendo novas possibilidades de conectar as pessoas de maneira virtual. O JGI realizou sua primeira reunião global virtual – eu achava que não iria dar certo, mas, apesar de sentirmos falta da interação presencial, das piadas e dos abraços, e simplesmente da companhia uns dos outros, as coisas transcorreram sem grandes problemas – e economizamos muito dinheiro. Hoje é normal realizar conferências e reuniões de negócios pelo Zoom ou por alguma outra ferramenta tecnológica incrível. Tudo isso é um excelente exemplo da nossa adaptabilidade e criatividade.

Claro, é preocupante e desesperadora a situação das companhias aéreas e dos hotéis; e, em alguns países, a caça a animais selvagens aumentou em razão da falta de viajantes para estimular a indústria do turismo e da falta de fundos para pagar o salário dos guardas-florestais que patrulham as reservas. Tudo isso aponta para a importância de usarmos nossa criatividade e nosso cérebro inteligente, bem como nossa compreensão e compaixão, para criar um mundo mais sustentável e ético, onde todos possam ter uma vida decente em harmonia com a natureza.

Muito mais pessoas agora se deram conta da necessidade de um relacionamento novo e mais respeitoso com os animais e a natureza, e de uma nova economia, mais sustentável e ecológica. E há sinais de que isso está começando a acontecer. As corporações estão começando a pensar em maneiras mais éticas de obter matérias-primas, e os consumidores passaram a refletir com mais cuidado sobre suas próprias pegadas ecológicas. A China baniu o consumo de animais selvagens, e há esperança de que o uso de partes de animais selvagens para a produção de remédios também chegue ao fim. O governo já retirou as escamas de pangolim da lista de ingredientes aprovados para utilização pela medicina tradicional chinesa. E existe um imenso esforço internacional para acabar com o tráfico ilegal de animais e plantas selvagens. Mas, obviamente, ainda temos um longo caminho pela frente.

Além disso, várias campanhas em diversos países estão pressionando os governos a, gradualmente, eliminarem as fazendas industriais. O consumo de carne vem diminuindo, e cada vez mais pessoas optam por uma dieta *plant-based*.

Estou de castigo desde março do ano passado, aqui em Bournemouth, com minha irmã, Judy; sua filha, Pip; e os netos, Alex e Nickolai, de 22 e 23 anos. Na maior parte do tempo, fico lá no alto, em meu quartinho-barra-escritório-barra-estúdio. Foi aqui que tive a minha última conversa pelo Zoom com Doug.

No início, fiquei frustrada e com raiva. Sentia-me péssima por ter que cancelar palestras e desapontar as pessoas, mas logo me dei conta de que preciso enfrentar o inevitável e decidi, com uma pequena equipe de funcionários do JGI, criar a Jane Virtual. Muitas pessoas têm escrito para mim, esperando que o confinamento compulsório em casa seja uma oportunidade para repousar e me dê tempo para refletir e recarregar as energias. Na verdade, conforme falei para Doug, nunca, nunca estive mais ocupada nem mais exausta na vida: enviando mensagens para o mundo inteiro, participando de conferências por Zoom ou Skype, ou de webinários, ou de algum outro tipo de interação tecnológica, sendo entrevistada, participando de podcasts – e, na verdade, desenvolvendo o meu próprio, o *Hopecast*!

Planejar e dar palestras virtuais é o mais difícil – de alguma maneira, é preciso ter a energia certa na sua apresentação para inspirar um público que não se vê, sem o retorno que se tem de um auditório ou de uma plateia entusiasmada. Em vez disso, você fala para a luzinha verde minúscula da câmera do laptop. E é muito difícil, quando se está falando para gente que está ali na tela, obrigar-se a não olhar para elas e sim para a luzinha verde – para que, do ponto de vista delas, você as esteja olhando!

Pip, Judy e eu com Faia no jardim de Birches durante a primavera.
(TOM GOZNEY)

Claro que sinto uma saudade terrível de estar com os meus amigos, pois, quando eu estava na estrada, entre as palestras, as coletivas de imprensa e as reuniões de alto escalão, havia as noites divertidas em que nos juntávamos para comer comida indiana e tomar vinho tinto – e uísque, claro! E também sinto saudade de ter a chance de visitar lugares incríveis e encontrar pessoas inspiradoras. Em contrapartida, agora não há mais pausas na agenda incansável da Jane Virtual – apenas um dia após o outro olhando para uma tela de computador e falando para o ciberespaço.

Mas há um lado bom nisso tudo. Consegui atingir, literalmente, milhões de pessoas a mais de diferentes partes do mundo, muito mais do que eu poderia ter feito com minhas turnês convencionais.

Na minha última conversa com Doug pelo Zoom, eu o levei em um tour pelo meu quarto e lhe mostrei várias fotos e lembranças de minhas viagens. Mas há muito mais coisas em cada ambiente desta casa! Estou rodeada de lembretes dos diferentes estágios da minha vida. Aqui, nesta adorada casa construída em 1872, sou constantemente lembrada da minha jornada, das pessoas e das coisas que me moldaram. Aqui estão as raízes que nutriram uma garota tímida, amante da natureza, que, quando adulta, se tornou uma mensageira da esperança.

Enquanto lhe escrevo neste dia frio e chuvoso de 2021, vários países foram assolados por variantes novas e mais contagiosas do vírus, que estão pegando carona em hospedeiros humanos aparentemente saudáveis e viajando pelo mundo, alimentando ainda mais desespero. Não surpreende, então, que boa parte de nossas atenções estejam voltadas para o esforço de controlar essa pandemia.

Como mensageira, porém, tenho algo importantíssimo a transmitir: não podemos deixar que isso nos distraia de uma ameaça bem maior ao nosso futuro – a crise climática e a perda de biodiversidade –, pois, se não conseguirmos dar conta dessas ameaças, será o fim da vida na Terra como a conhecemos, incluindo a nossa. Não poderemos continuar vivendo se a natureza morrer.

Ao longo da minha vida, derrotamos o nazismo, apesar de os fascistas remanescentes estarem começando mais uma vez a vir à tona. Desarmamos o outrora grande risco de um Armagedom nuclear, embora essas armas ainda representem uma ameaça. E agora precisamos derrotar não apenas a covid-19 e suas mutações, mas também as mudanças climáticas e a perda de biodiversidade.

De certa maneira, é estranho que minha vida tenha sido ensanduichada entre guerras mundiais. A primeira, quando eu era pequena, foi contra inimigos humanos, os nazistas de Hitler. E agora, quando me aproximo dos 90 anos, precisamos derrotar dois inimigos, um deles representado por seres invisíveis e microscópicos; o outro, a nossa própria estupidez, a ganância e o egoísmo.

Minha mensagem de esperança é esta: agora que você leu as conversas deste pequeno livro, percebe que podemos vencer essas guerras, que existe esperança para o nosso futuro – para a saúde do nosso planeta, das nossas sociedades e das nossas crianças. Mas apenas se todos se juntarem e unirem forças. E espero, além disso, que você compreenda a urgência de agir, de cada um de nós fazer a sua parte. Por favor, acredite nisto: que, contra todas as probabilidades, poderemos vencer, pois, se você não acreditar nisso, perderá a esperança, afundará na apatia e no desespero... e não fará nada.

Podemos superar a pandemia. Graças a nosso surpreendente intelecto humano, os cientistas produziram vacinas em tempo recorde.

E, se nos unirmos, usarmos nosso intelecto e fizermos nossa parte, cada um de nós poderá encontrar soluções para desacelerar as mudanças climáticas e a extinção das espécies. Lembre-se de que, como indivíduos, podemos fazer a diferença todos os dias, e que milhões de escolhas éticas individuais em nosso comportamento nos levarão na direção de um mundo mais sustentável.

Deveríamos nos sentir muito gratos pela incrível *resiliência da natureza*. E podemos ajudar o meio ambiente a se recuperar, não apenas com a contribuição de grandes projetos de reflorestamento, mas também como resultado de nossos próprios esforços, ao escolher como viver a vida e pensar em nossas pegadas ambientais.

Há grande esperança no futuro graças às ações, à determinação e à energia dos *jovens* de todo o mundo. E todos nós podemos nos esforçar ao máximo para incentivá-los e apoiá-los na luta contra as mudanças climáticas e a injustiça social e ambiental.

Por fim, lembre-se de que recebemos a dádiva não somente de um cérebro inteligente e de uma capacidade bem desenvolvida de sentir amor e compaixão, mas também de um *espírito indômito*. Todos nós temos esse espírito combativo – só que algumas pessoas não percebem isso. Podemos tentar alimentá-lo, dar-lhe a chance de abrir as asas e voar pelo mundo, espalhando a esperança e a coragem.

Não é bom negar que temos problemas. Não é vergonhoso pensar no mal que infligimos ao mundo. Mas, se você se concentrar nas coisas que pode fazer e as fizer bem, isso fará toda a diferença.

Em uma de minhas visitas à Tanzânia, onde começou o Roots & Shoots, fui a um evento em que todos os grupos do bairro se juntavam para compartilhar seus projetos e socializar. Havia muita risada e entusiasmo.

No encerramento, todos ali se juntaram e gritaram em uníssono: "Juntos, podemos!" – querendo dizer que juntos poderiam levar o mundo na direção certa. Apanhei o microfone e disse: "Sim, podemos, com certeza. Mas é o que faremos?" Aquilo os assustou, porém eles pensaram a respeito e entenderam o que eu queria dizer. Então liderei um imenso "Juntos, podemos. Juntos, faremos!". Agora, é assim que eles encerram todas as reuniões, e isso se espalhou pelos outros países. Eu mesma também termino minhas palestras assim, às vezes.

Dei uma curta palestra no segundo maior festival de música da Europa – para uma multidão de aproximadamente 16 mil pessoas. Eu lhes pedi que se juntassem a mim naquele chamado à ação. Houve uma reação, mas não foi expressiva. Eu lhes disse que as crianças da escola primária faziam melhor que aquilo, e tentamos mais uma vez. Ainda hoje me arrepio ao me lembrar de como a plateia inteira se levantou, e as palavras ecoaram pelo ar da noite.

Mas, quando a mesma situação se repetiu em Davos, no início do ano passado, quando palestrei para poderosos CEOs de grandes corporações com um punhado de políticos e outras pessoas, foi ainda mais impressionante. De novo, a primeira reação foi fraca. Mas quando eu lhes disse que esperava que demonstrassem mais entusiasmo em seu comprometimento com a mudança, e todos eles se levantaram e deram uma resposta em voz alta e clara seguida por aplausos demorados, lágrimas me vieram aos olhos.

Juntos, PODEMOS! Juntos, FAREMOS!

Sim, podemos, e é o que faremos – porque precisamos. Vamos

usar a dádiva de nossa vida para fazer o mundo melhor. Pelo bem de nossas crianças e de seus filhos. Pelo bem dos que lutam contra a pobreza. Pelo bem dos solitários. E pelo bem de nossos irmãos e nossas irmãs da natureza: os animais, as plantas, as árvores.

Por favor, por favor, responda a esse desafio, respire fundo e ajude as pessoas ao seu redor, faça a sua parte. Encontre suas razões para ter esperança e deixe que elas mostrem o caminho à frente.

Muito obrigada,
Jane Goodall

Agradecimentos

De Jane:

Após 87 anos, como eu poderia agradecer apropriadamente a todas as pessoas que me ajudaram, que me fizeram seguir em frente durante momentos difíceis, que me incentivaram a realizar coisas que eu jamais imaginara possíveis?

    É claro que preciso começar agradecendo à minha incrível mãe e aos demais membros da minha família. O papel desempenhado por eles foi bem descrito neste livro. Rusty, que me ensinou que somos parte do reino animal. Louis Leakey, que me deu a oportunidade de realizar meus sonhos, que teve fé em uma jovem que foi a campo munida apenas de sua paixão por aprender sobre o comportamento dos chimpanzés. Leighton Wilkie, que financiou meus primeiros seis meses em campo. David Greybeard, que me permitiu observá-lo utilizando e construindo ferramentas – uma observação que interessou tanto à National Geographic Society que eles continuaram a financiar a minha pesquisa. MUITO OBRIGADA. E devo tanto ao meu primeiro marido, Hugo van Lawick, cujos filmes e fotos me permitiram convencer os estudiosos do comportamento animal da época de que não somos os únicos seres vivos com personalidade, mente e emoções.

    Há muitas pessoas e animais que contribuíram para o meu entendimento do mundo que nos cerca, que me ajudaram durante a minha jornada. São muitos para que eu possa nomear todos eles. Os estudantes e cientistas que vieram a Gombe e enriqueceram nosso entendimento sobre o comportamento do chimpanzé e do babuíno, especialmente o Dr. Anthony Collins, porque ele está ao meu lado desde 1972, ajudou a manter os projetos em Gombe e está sempre me auxiliando em minhas viagens à Tanzânia, ao Burundi, a Uganda e à República Democrática do Congo. Meu segundo marido, Derek Bryceson, exerceu um papel crucial em manter ativos os trabalhos em Gombe. Seu relacionamento com o governo da Tanzânia nos permitiu retornar brevemente a Gombe, quando o país estava fechado após o sequestro dos estudantes – fomos até lá em um helicóptero militar. E que maravilhoso os assistentes de campo terem continuado a seguir os chimpanzés e babuínos mesmo quando, por algum tempo, eu não tinha a permissão de permanecer mais do que alguns dias no país.

Minha eterna gratidão aos funcionários e voluntários do Jane Goodall Institute e ao braço africano dos nossos programas na Tanzânia, em Uganda, na República Democrática do Congo, no Burundi, no Senegal, em Guiné e em Mali. E àqueles que trabalham para melhorar o bem-estar dos animais em zoológicos e especialmente nos nossos santuários em Tchimpouga e no Chimp Eden para chimpanzés órfãos, e os demais santuários que ajudei a estabelecer – Ngamba Island, Sweetwaters e Tacugama.

Agradeço também ao grupo que me ajudou durante a pandemia e tornou possível que eu continuasse conversando com as pessoas ao redor do mundo por meio da tecnologia: Dan DuPont, Lilian Pintea, Bill Wallauer, Shawn Sweeney, Ray Clark e o time do GGOF – o Global Office of the Founder [escritório global da fundadora] – que trabalhou arduamente: Mary Lewis, Susana Name e Chris Hildreth. Sou muito grata a Carol Irwin pelos seus conselhos durante muitos momentos difíceis. Obrigada a Mary Paris, que é a guardiã de um vasto arquivo com minhas fotos e cuja paciência e habilidades mágicas nos possibilitaram incluir todas as fotografias contidas neste livro. E um muito obrigada especial a todas as pessoas jovens – e não tão jovens – que estão se organizando e agindo em nossos programas do Roots & Shoots pelo mundo, pois é esse movimento que me nutre de tanta esperança no nosso futuro.

Finalmente, agradeço àqueles que ajudaram a tornar este livro possível. A todos que contribuíram com histórias e fotografias: vocês são muitos para que eu os nomeie aqui. As últimas conversas que Doug e eu tivemos pessoalmente aconteceram na Holanda, e somos muito gratos a Patrick e Daniëlle van Veen, que encontraram aquele maravilhoso chalé na floresta, providenciaram vinho e comida, sem esquecer que Daniëlle cozinhou divinamente. Muito obrigada.

Meus agradecimentos, ainda, àqueles que realizaram o trabalho propriamente dito: incluindo a maravilhosa equipe da Celadon Books, especialmente à editora assistente Cecily van Buren-Freedman e, mais especialmente, à nossa editora maravilhosa e acolhedora, Jamie Raab, presidente e editora da Celadon Books, que cuidou deste livro com tanto cuidado e atenção, mesmo tendo que lidar com muitos atrasos por causa da minha abarrotada agenda de compromissos. E minha gratidão infinita a Gail Hudson, com quem colaborei muitas vezes no passado e que me ajudou muito quando tive dificuldades de conciliar a escrita deste livro com tantos outros compromissos. Obrigada, Gail. Eu seria negligente se não fizesse um tributo à minha irmã, Judy Waters, e sua filha, Pip, que me ajudaram a seguir adiante nesses dias difíceis, fazendo compras e cozinhando para que eu pudesse dedicar meu tempo inteiramente ao trabalho. Sou muito grata a Adrian Sington, que me incentivou a colaborar com Doug Abrams em um livro sobre a esperança. E, por último, é claro, ao próprio Doug. Foi ele quem visualizou este livro desde o começo e, com suas perguntas penetrantes, conseguiu extrair meus pensamentos mais íntimos. E ele pacientemente ajustou a sua agenda para que fosse compatível com a minha, cada vez mais louca, durante nossas discussões finais pelo Zoom sobre o significado da esperança e as razões para tê-la.

De Doug:

Conforme aprendi enquanto escrevia este livro, a esperança é uma dádiva social, nutrida e sustentada por aqueles que nos cercam. Cada um de nós tem uma teia de esperança que nos ajuda, nos encoraja e nos eleva ao longo de nossa vida. Fui abençoado com a presença de muitas pessoas que me ajudaram de inúmeras maneiras.

Primeiro, devo agradecer à minha mãe, Patricia Abrams, e ao meu falecido pai, Richard Abrams, que acreditaram em mim mesmo quando nem eu acreditei. Também ao meu irmão, Joe, e à minha irmã, Karen, que, além de serem meus irmãos, são meus amigos para a vida toda.

Meus demais familiares, professores, amigos e colegas também estiveram presentes durante toda a minha jornada de vida e, particularmente, na criação deste livro, enquanto meu pai morria e meu filho lutava contra um dano cerebral. Gostaria de agradecer especialmente aos meus amigos maravilhosos Don Kendall, Rudy Lohmeyer, Mark Nicolson, Gordon Wheeler, Charlie Bloom, Richard Sonnenblick, Ben Saltzman, Matt Chapman e Diana Chapman. Também agradeço aos meus amigos brilhantes e divertidos e aos meus colegas da Idea Architects, que me ajudaram a conceber, visualizar e criar este livro, incluindo Boo Prince, Cody Love, Staci Bruce, Mariah Sanford, Jordan Jacks, Stacie Sheftel e, principalmente, ao brilhante Esmè Schwall Weigand, que trabalhou de maneira incansável para me ajudar com as pesquisas e a edição durante todo o projeto.

Meus agradecimentos a Lara Love Hardin e Rachel Neumann, minhas guias constantes através da floresta literária e parceiras na criação de uma agência e um mundo mais sábio, rico e justo. Boo e Cody não poderiam ter formado uma equipe de produção melhor nem ser melhores acompanhantes de viagem à Tanzânia, e não poderiam ter sido mais compreensivas quando precisei partir no meio da nossa viagem, quando meu pai foi internado. Também gostaria de agradecer à nossa equipe de direitos autorais internacionais, Camilla Ferrier, Jemma McDonagh e Brittany Poulin, da Marshal Agency, e Caspian Dennis e Sandy Violette, da Abner Stein, que me ajudaram a dividir o livro com o mundo. Este projeto não existiria sem o amor dos meus amados amigos e autores Christiana Figueres e Tom Carnac, dois dos arquitetos do Acordo de Paris e pessoas que serão lembradas na história como aqueles que deram uma chance à humanidade. Eles me apresentaram a Jane e torceram pelo livro durante todo o tempo.

Eu não teria conseguido sem o amor e o apoio da minha brilhante esposa, Rachel, e nossos filhos, Jesse, Kayla e Eliana, três das minhas maiores esperanças para o futuro e que demonstram o poder dos jovens, cada um à sua maneira.

Como Jane disse, foi maravilhoso trabalhar com todo o time da Celadon. Eles enxergaram o propósito e o potencial deste livro desde o começo, incluindo Cecily van Buren-Freedman, Christine Mykityshyn, Anna Belle Hindenlang, Rachel Chou, Don Weisberg, Deb Futter e, especialmente, Jamie Raab. Jamie é alguém que sempre admirei como uma das mais competentes e criativas editoras do mundo, e foi muito agradável trabalhar com ela, do começo ao fim, ajudando a guiar o projeto com sua visão, generosidade e profundo conhecimento das esperanças e dos sonhos dos leitores.

Gostaria de agradecer a todos do Jane Goodall Institute que ajudaram neste projeto, desde as minhas primeiras conversas com Susana Name até meu divertido almoço com Mary Lewis, que esteve presente em todos os momentos com sua simpatia, suas sugestões e sua habilidade de fazer milagres acontecerem na agenda impossivelmente lotada de Jane. Adrian Sington, agente literário de Jane, foi um catalisador e um colega estimado, que tornou o projeto possível mesmo diante de tantos desafios e de uma pandemia. Nossa primeira reunião na Feira do Livro de Londres é uma das lembranças felizes da minha vida. Gail Hudson, colaboradora e amiga de Jane há muitos anos, ajudou--nos imensamente enquanto tecíamos nossos diálogos. Ela foi essencial para que este livro pudesse ser terminado e se tornou minha amiga e conselheira também.

E, finalmente, gostaria de agradecer a Jane pelo presente que ela deu ao mundo com este livro. Procurei Jane porque ela é uma naturalista com um raro e necessário conhecimento sobre o nosso mundo, mas descobri também uma figura visionária e humanitária, que fala por nós e pelo planeta Terra. Como poeta e escritora, sua devoção em se certificar de que cada palavra expressasse sua maior verdade foi profundamente inspiradora. Foi um dos maiores privilégios da minha vida acompanhar Jane em seu profundo entendimento da natureza humana e de como a esperança pode ser a característica que vai nos salvar. Apesar das incríveis demandas de um mundo desesperado pelas orientações de Jane, ela foi extremamente generosa com seu tempo, sabedoria e amizade, primeiro enquanto eu viajava pelo terreno acidentado do luto pessoal e depois durante a pandemia sem precedentes, que revelou para todos nós o quão vulnerável e precioso é o nosso mundo.

Bibliografia sugerida

O que é a esperança?

Para explorar com mais profundidade a vida de Jane e as experiências que moldaram sua maneira de pensar, veja sua autobiografia, *Reason for Hope: A Spiritual Journey* (Warner Books, 1999). Para mais informações sobre o seu trabalho com os chimpanzés, veja seus trabalhos clássicos sobre os chimpanzés de Gombe, *In the Shadow of Man* (Houghton Mifflin, 1971) e *Uma janela para a vida: 30 anos com chimpanzés da Tanzânia* (Zahar, 1991).

Para aprofundar-se nos estudos sobre a esperança, veja *Psychology of Hope: You Can Get There from Here* (Free Press, 1994), de Charles Snyder; *Making Hope Happen: Create the Future You Want for Yourself and Others* (Atria Paperback, 2014), de Shane Lopez; e *Hope Rising: How the Science of HOPE Can Change Your Life* (Morgan James, 2019), de Casey Gwinn e Chan Hellman. Há também um excelente artigo escrito por Kirsten Weir para a American Psychological Association: "Mission Impossible", *Monitor on Psychology* 44, n. 9 (outubro de 2013), www.apa.org/monitor/2013/10/mission-impossible.

A ideia de que quando pensamos no futuro, ou estamos fantasiando, ou perdendo tempo ou esperando, vem do livro de Lopez citado anteriormente, assim como a meta-análise do impacto da esperança no sucesso acadêmico, na produtividade no local de trabalho e na felicidade em geral.

Em outro estudo, psicólogos da Universidade de Leicester observaram estudantes durante três anos e descobriram que aqueles que tinham mais esperança apresentavam melhores resultados acadêmicos. Na verdade, a esperança era mais importante do que a inteligência, a personalidade e até mesmo o sucesso acadêmico prévio. ("Hope Uniquely Predicts Objective Academic Achievement Above Intelligence, Personality, and Previous Academic Achievement", *Journal of Research in Personality*, 44 [agosto de 2010]: 550-53, https://doi.org/10.1016/j.jrp.2010.05.009). Em outro estudo, os pesquisadores compararam a relação entre esperança e produtividade em suas análises de 45 estudos, que examinavam mais de 11 mil funcionários de diversas áreas de atuação. ("Having the Will and Finding the Way: A Review and Meta-Analysis of Hope at Work", *Journal of Positive Psychology* 8, n. 4 [maio de 2013]: 292-304, https://doi.org/10.1080/17439760.2013.800903). Eles concluíram que a esperança determina 14% da produtividade no ambiente de trabalho, mais do que outras características, incluindo a inteligência e o otimismo.

A esperança pode nos impactar tanto coletivamente quanto individualmente. Em uma pesquisa realizada com mil pessoas em uma cidade de médio porte dos Estados Unidos (Tulsa), o pesquisador Chan Hellman descobriu que a esperança coletiva foi o mais importante fator sobre o bem-estar geral da comunidade. Quando os resultados foram interligados com dados de saúde pública, descobriram também que tanto a esperança individual quanto a coletiva previam a expectativa de vida (Hellman, C. M., & Schaefer, S. M. [2017]. *How hopeful is Tulsa: A community wide assessment of hope and well-being*. Manuscrito não publicado).

Outra pesquisa demonstra que a esperança parece impactar nossa saúde física. Stephen Stern, médico da University of Texas Health Science Center, em San Antonio, e seus colegas conduziram um estudo sobre a mortalidade com quase oitocentos americanos-mexicanos e europeus-americanos (Stephen L. Stern, Rahul Dhanda e Helen P. Hazuda, "Hopelessness Predicts Mortality in Older Mexican and European Americans", *Psychosomatic Medicine* 63, n. 3 [maio-junho de 2001]: 344-51, DOI: 10.1097/00006842-200105000-0 0003). Quando os fatores gênero, educação, etnicidade, pressão arterial, índice de massa corporal e consumo de álcool foram controlados, as pessoas que tinham menos esperança apresentavam mais do que o dobro da probabilidade de morrer de câncer e doenças cardíacas no período de três anos. Stern acredita que ter esperança no futuro direciona o nosso comportamento no presente, e as escolhas que fazemos no presente determinam se teremos uma vida mais longa ou não.

Os componentes do ciclo da esperança se originaram com Charles Snyder, que os identificou em seu livro, *Psychology of Hope* (Simon & Schuster, 2010), como sendo objetivos, *willpower* ou força de vontade (frequentemente chamados de instrumentalidade e autoconfiança) e *waypower* (muitas vezes chamado de vias ou maneiras realistas de concretizar nossos objetivos). Outros pesquisadores, incluindo Kaye Herth, que desenvolveu a Escala de Esperança Herth, incluíram o apoio social como um dos blocos construtores da esperança ("Abbreviated Instrument to Measure Hope: Development and Psychometric Evaluation", *Journal of Advanced Nursing* 17, n. 10 [outubro de 1992]: 1251-59, DOI: 10.1111/j.1365-2648.1992.tb01843.x).

Para saber mais sobre Edith Eger, veja seus livros *A bailarina de Auschwitz* (Sextante, 2019) e *A liberdade é uma escolha: Lições práticas e inspiradoras para ajudar você a se libertar de suas prisões mentais* (Sextante, 2021).

Razão nº 1: O maravilhoso intelecto humano

Para uma explicação sobre a neurociência da esperança e do otimismo, veja *O viés otimista: Por que somos programados para ver o mundo pelo lado positivo* (Rocco, 2016), de Tali Sharot. Segundo a autora, o córtex frontal, que é maior nos seres humanos do que em outros primatas e provavelmente a base para o intelecto humano a que Jane faz referência, é essencial para a linguagem e o estabelecimento de metas e, provavelmente, também para a esperança e o otimismo. Sharot identificou uma parte específica do córtex frontal, o córtex cingulado anterior rostral (CCA), que influencia as emoções e a motivação e pode contribuir para a esperança. Em sua pesquisa, quanto mais otimista é a pessoa, maior é a capacidade que possui de imaginar com riqueza de detalhes eventos futuros com desfechos positivos. Conforme os participantes pensavam em eventos positivos, essa parte do cérebro era mais ativada e parecia se conectar à amígdala, uma estrutura ancestral do cérebro associada à emoção, especificamente o medo e o entusiasmo, e modulá-la. O CCA em pessoas otimistas parece acalmar o medo que é criado quando imaginam eventos com desfechos negativos e as deixa mais entusiasmadas quando pensam em eventos positivos. Essa pode ser a base neural para a pertinente frase de Lopez, que diz que os humanos são híbridos de esperança-medo (Lopez, p. 112).

Para saber mais sobre a inteligência e a comunicação das árvores, veja *A árvore-mãe: Em busca da sabedoria da floresta*

(Zahar, 2022), de Suzanne Simard, e *A vida secreta das árvores: O que elas sentem e como se comunicam – As descobertas de um mundo oculto* (Sextante, 2017), de Peter Wohlleben.

Razão nº 2: A resiliência da natureza

Para mais histórias sobre a resiliência da natureza e mais detalhes sobre algumas das histórias que Jane me contou, veja os livros de Jane: *Hope for Animals and Their World: How Endangered Species Are Being Rescued from the Brink* (Grand Central Publishing, 2009) e *Seeds of Hope: Wisdom and Wonder from the World of Plants* (Grand Central Publishing, 2014).

Para obter mais informações sobre a dramática perda de biodiversidade e a rápida extinção, veja o relatório de 2019 das Nações Unidas ("Relatório das Nações Unidas alerta para perda de biodiversidade sem precedentes na história", https://brasil.un.org/pt-br/90967-relatorio-das-nacoes-unidas-alerta-para-perda-de-biodiversidade-sem-precedentes-na-historia).

Para o relatório da APA (American Psychology Association) sobre os efeitos da mudança climática na saúde mental, veja "Mental Health and Our Changing Climate: Impacts, Implications, and Guidance", março de 2017, www.apa.org /news/press/releases/2017/03/mental-health-climate.pdf, de Susan Clayton Whitmore-Williams, Christie Manning, Kirra Krygsman *et al.*

Para saber mais sobre as habilidades que os ecossistemas têm de se regenerar, veja o estudo "Rapid Recovery of Damaged Ecosystems", de Holly P. Jones e Oswald J. Schmitz, da Yale University School of Forestry and Environmental Sciences (PLOS ONE, 27 de maio de 2009, https://doi.org/10.1371/journal.pone.0005653). Após receber 240 estudos independentes feitos ao longo de um século, eles descobriram que os ecossistemas podiam se regenerar quando a fonte de poluição e de destruição cessasse. Os ecossistemas estudados se regeneraram no prazo de dez a cinquenta anos, com florestas se recuperando em um prazo médio de 42 anos e os oceanos em uma média de dez anos. Meio ambientes onde existem múltiplas fontes de destruição levaram, em média, 56 anos para se recuperar, mas alguns ecossistemas excederam o limite de regeneração e nunca se recuperaram, embora mesmo esses exemplos talvez possam se recuperar em prazos maiores do que seria relevante para a civilização humana. Os pesquisadores qualificaram suas descobertas dizendo que, mesmo esses ecossistemas altamente danificados poderiam se recuperar "a depender da vontade humana".

Para saber mais sobre por que precisamos da natureza e sobre a profunda influência que a natureza exerce na saúde e no bem-estar das pessoas, veja "The Health Benefits of the Great Outdoors: A Systematic Review and Meta-Analysis of Greenspace Exposure and Health Outcomes", de Caoimhe Twohig-Bennett e Andy Jones, no qual os pesquisadores analisaram mais de 140 estudos envolvendo mais de 290 milhões de pessoas em vinte países e descobriram que passar algum tempo na natureza ou morar perto dela resultavam em benefícios diversos e significativos, incluindo a redução da diabetes tipo 2, de doenças cardiovasculares, de morte prematura e de nascimentos prematuros (Environmental Research 166 [outubro de 2018]: 628-37, DOI: 10.106/j.envres.2018.06.030). Embora os motivos do profundo impacto da natureza não sejam claros, uma teoria é que a natureza parece reduzir os níveis de estresse dos participantes, conforme medido no nível de cortisol em suas salivas.

O neurocientista ambiental Marc Berman, da Universidade de Chicago, e seus colegas descobriram que ter ruas com mais árvores está relacionado com a melhoria da saúde de seus residentes (Omid Kardan, Peter Gozdyra, Bratislav Misic *et al.*, "Neighborhood Greenspace and Health in a Large Urban Center", Scientific Reports 5, 11610 [9 de julho de 2015], https://doi.org/10.1038/srep11610). Pessoas que moravam em ruas com dez ou mais árvores apresentavam melhorias na saúde, análogas a pessoas sete anos mais jovens, quando comparadas a pessoas que moravam em ruas com menos árvores, mesmo quando outros fatores, como renda e nível de escolaridade, foram controlados. Berman ainda não sabe o motivo disso, mas suspeita que tem a ver com a qualidade do ar e com a estética calmante provida pela natureza. Em outro estudo, ele descobriu que uma simples caminhada na natureza leva a 20% de aumento na memória de trabalho e nos níveis de atenção, e que as pessoas também obtêm benefícios cognitivos de imagens, sons e vídeos de natureza. (Marc G. Berman, John Jonides e Stephen Kaplan, "The Cognitive Benefits of Interacting with Nature", *Psychological Science* 19, n. 12 [dezembro de 2008]: 1207-12, https://doi.org/10.1111/j.1467-9280.2008.02225.x; Marc G. Berman, Ethan Kross, Katherine M. Krpan, *et al.*, "Interacting with Nature Improves Cognition and Affect for Individuals with Depression", *Journal of Affective Disorders* 140, n. 3 [novembro de 2012]: 300-305, https://doi.org/10.1016/j.jad.2012.03.012).

Para saber mais sobre a Davos World Economic Tree Planting Initiative (Iniciativa Global de Plantio de Árvores do Fórum Econômico Mundial de Davos), veja a plataforma on-line "A Platform for the Trillion Tree Community", www.1t.org/. A pesquisa que demonstrou o potencial da restauração das árvores globalmente, "The Global Tree Restoration Potential", e que levou à iniciativa foi publicada na revista *Science* por Thomas Crowther *et al.* (365, n. 6448 [5 de julho de 2019]: 76-79, https://science.sciencemag.org/content/365/6448/76).

Razão nº 3: O poder dos jovens

Para saber mais sobre os programas Roots & Shoots, visite http://rootsandshoots.org/.

A história de Chan Hellman foi contada para mim em uma entrevista por telefone, mas um relato pode ser encontrado em seu livro *Hope Rising* (Morgan James, 2019).

Razão nº 4: O indômito espírito humano

Para um excelente vídeo sobre Jia Haixia e Jia Wenqi, sua amizade e o plantio de árvores, veja *GoPro: A Blind Man and His Armless Friend Plant a Forest in China* (www.youtube.com/watch?v=Mx6hBgNNacE&t=2s) e saiba mais em https://gopro.com/en/us/goproforacause/brothers.

Tornando-se mensageira da esperança

Para saber mais sobre experiências de quase morte e o que elas podem dizer sobre a vida após a morte, veja o clássico *On Life After Death* (Celestial Arts, 2008), de Elisabeth Kübler-Ross, ou um livro mais recente, *After: A Doctor Explores What Near-Death Experiences Reveal About Life and Beyond* (St. Martin's Essentials, 2021), de Bruce Greyson. Greyson, que é especialista no campo de estudos de quase morte, vem estudando essas experiências há quarenta anos. Ele estudou muitas pessoas que, enquanto quase mortas, viram e descobriram coisas que não seriam possíveis, como conhecer parentes cuja existência elas desconheciam. Ele disse que, após as pessoas terem uma experiência de quase morte, elas quase unanimemente acreditam que a morte não é algo para ser temido e que a vida ou a consciência continua de alguma maneira. Experiências de quase morte também modificam como as pessoas vivem a vida e inspiram a crença de que existe sentido e propósito no universo. Algumas das histórias mais fascinantes têm a ver com o que Jane falou sobre a possibilidade de esta vida ser um teste. De acordo com a pesquisa de Greyson, muitas pessoas vivenciam uma reavaliação ao fim da vida, em que, literalmente, observam a vida inteira passando diante de seus olhos e entendem por que determinados eventos aconteceram.

Para saber mais sobre as opiniões de Francis Collins, veja seu livro *The Language of God: A Scientist Presents Evidence for Belief* (Free Press, 2006).

Para outros livros da Global Icons Series, visite www.ideaarchitects.com/global-icons-series/.

Para mais informações sobre os trabalhos de Jane Goodall, visite www.janegoodall.global e www.rootsandshoots.global.

Livros de Jane Goodall

My Friends the Wild Chimpanzees

Innocent Killers

In the Shadow of Man

The Chimpanzees of Gombe: Patterns of Behavior

Uma janela para a vida: 30 anos com os chimpanzés da Tanzânia (Zahar, 1991)

Visions of Caliban: On Chimpanzees and People

Brutal Kinship

Reason for Hope: A Spiritual Journey

Africa in My Blood: An Autobiography in Letters: The Early Years

Beyond Innocence: An Autobiography in Letters: The Later Years

The Ten Trusts: What We Must Do to Care for the Animals We Love

Harvest for Hope: A Guide to Mindful Eating (com Gary McAvoy e Gail Hudson)

Hope for Animals and Their World: How Endangered Species Are Being Rescued from the Brink (com Maynard e Gail Hudson)

Seeds of Hope: Wisdom and Wonder from the World of Plants (com Gail Hudson e Michael Pollan)

The Global Icons Series

Contentamento: O segredo para a felicidade plena e duradoura, de Sua Santidade o Dalai Lama e do arcebispo Desmond Tutu, com Douglas Abrams

O livro da esperança: Um guia de sobrevivência para tempos difíceis, de Jane Goodall e Douglas Abrams, com Gail Hudson

Sobre os autores

Jane Goodall é etóloga e ambientalista. Desde a infância, é fascinada pelo comportamento animal, e, em 1957, aos 23 anos, conheceu o famoso paleoantropólogo Dr. Louis Leakey, enquanto visitava uma amiga no Quênia. Impressionado pela paixão dela pelos animais, ele lhe ofereceu a chance de ser a primeira pessoa a estudar os chimpanzés, nossos parentes mais próximos, na natureza. Assim, três anos depois, Jane viajou da Inglaterra para a atual Tanzânia e, equipada com apenas um caderno, binóculos e determinação, aventurou-se no então desconhecido mundo dos chimpanzés selvagens.

A pesquisa de Jane Goodall no Gombe National Park nos proporcionou um entendimento profundo do comportamento dos chimpanzés. A pesquisa continuou, mas em 1986, notando a ameaça a esses animais por toda a África, Jane viajou para seis locais de estudo. Ela conheceu em primeira mão não apenas os problemas enfrentados pelos chimpanzés, mas também por muitos africanos que vivem na pobreza. Jane percebeu que os chimpanzés só seriam salvos se as comunidades locais recebessem ajuda para encontrar maneiras de viver e gerar recursos sem destruir o meio ambiente. Desde então viaja pelo mundo partilhando conhecimento e aprendendo sobre as ameaças do nosso tempo, especialmente as mudanças climáticas e a perda de biodiversidade. Autora de muitos livros para adultos e crianças e retratada em diversos documentários e artigos, Jane conseguiu levar sua mensagem a milhões de pessoas ao redor do mundo por meio de palestras, podcasts e artigos. Ela foi nomeada Mensageira da Paz das Nações Unidas, é Dama do Império Britânico e recebeu inúmeras honrarias internacionais.

Douglas Abrams é coautor do livro *Contentamento: O segredo para a felicidade plena e duradoura* (Principium, 2017), best-seller do *The New York Times*, com Sua Santidade o Dalai Lama e o arcebispo Desmond Tutu, o primeiro livro da série *Global Icons Series*. Douglas também é o fundador e presidente da Idea Architects, uma agência literária e empresa de desenvolvimento de mídia que ajuda visionários a criarem um mundo mais sábio, rico e justo. Ele mora em Santa Cruz, na Califórnia.

COM DOUGLAS ABRAMS.

CONHEÇA ALGUNS DESTAQUES DE NOSSO CATÁLOGO

- Augusto Cury: Você é insubstituível (2,8 milhões de livros vendidos), Nunca desista de seus sonhos (2,7 milhões de livros vendidos) e O médico da emoção
- Dale Carnegie: Como fazer amigos e influenciar pessoas (16 milhões de livros vendidos) e Como evitar preocupações e começar a viver
- Brené Brown: A coragem de ser imperfeito – Como aceitar a própria vulnerabilidade e vencer a vergonha (600 mil livros vendidos)
- T. Harv Eker: Os segredos da mente milionária (2 milhões de livros vendidos)
- Gustavo Cerbasi: Casais inteligentes enriquecem juntos (1,2 milhão de livros vendidos) e Como organizar sua vida financeira
- Greg McKeown: Essencialismo – A disciplinada busca por menos (400 mil livros vendidos) e Sem esforço – Torne mais fácil o que é mais importante
- Haemin Sunim: As coisas que você só vê quando desacelera (450 mil livros vendidos) e Amor pelas coisas imperfeitas
- Ana Claudia Quintana Arantes: A morte é um dia que vale a pena viver (400 mil livros vendidos) e Pra vida toda valer a pena viver
- Ichiro Kishimi e Fumitake Koga: A coragem de não agradar – Como se libertar da opinião dos outros (200 mil livros vendidos)
- Simon Sinek: Comece pelo porquê (200 mil livros vendidos) e O jogo infinito
- Robert B. Cialdini: As armas da persuasão (350 mil livros vendidos)
- Eckhart Tolle: O poder do agora (1,2 milhão de livros vendidos)
- Edith Eva Eger: A bailarina de Auschwitz (600 mil livros vendidos)
- Cristina Núñez Pereira e Rafael R. Valcárcel: Emocionário – Um guia lúdico para lidar com as emoções (800 mil livros vendidos)
- Nizan Guanaes e Arthur Guerra: Você aguenta ser feliz? – Como cuidar da saúde mental e física para ter qualidade de vida
- Suhas Kshirsagar: Mude seus horários, mude sua vida – Como usar o relógio biológico para perder peso, reduzir o estresse e ter mais saúde e energia

sextante.com.br